| 飼 育 の 教 科 書 シ リ ー ズ |

トカゲモドキの教科書
How to keep Eublepharidae

トカゲモドキ科の基礎知識から
各種類紹介と飼育・繁殖 etc.

「トカゲモドキ」と聞いて爬虫類ファンの多くはヒョウモントカ
ゲモドキ（レオパードゲッコー）やニシアフリカトカゲモドキを
思い浮かべることでしょう。しかし、世界には、そして日本に
も多種多様なトカゲモドキが生息していることをご存知でしょう
か？ ひと口にトカゲモドキといっても、飼育方法や習性にはい
くつかのタイプがあります。トップスターの陰に隠れがちです
が、近年少しずつ知名度を上げている彼らに今回はスポットを
当ててみました。

CONTENTS

【今回紹介する生体の表記について】
本書では、属名を以下の表記で紹介した。
学名の属名の部分（左側）をそのまま日本語読みにしたもので統一したものである。

・*Eublepharis*（ヒョウモントカゲモドキやオバケトカゲモドキなどの仲間）　→ユーブレファリス属
・*Coleonyx*（ボウシトカゲモドキやチワワトカゲモドキなどの仲間）　→コレオニクス属
・*Goniurosaurus*（ハイナントカゲモドキやアシナガトカゲモドキなどの仲間）　→ゴニウロサウルス属
・*Hemitheconyx*（ニシアフリカトカゲモドキとテイラートカゲモドキ）　→ヘミセコニクス属
・*Aeluroscalabotes*（キャットゲッコー）　→アエルロスカラボテス属

まずは重要な
基礎知識編から
— Basic of Eublepharidae —

非常に古くから流通の多い種類から、
ここ10年前後の間に初流通という種類までさまざま。
彼らの故郷（生息地）の環境データや流通状況、
そして、身体的特徴などを紹介します。
これらの基本をしっかり頭に入れて飼育に臨みましょう！

01 はじめに

トカゲモドキというと、まず「トカゲなの？　ヤモリなの?」と疑問に思う人も少なくないだろう。

広く言うなら、ヤモリもトカゲの仲間に入るので、トカゲでもあるしヤモリでもある。しっかりとした返答をするなら、トカゲモドキは「瞼（まぶた）のあるヤモリ」という括りになる。思い浮かべてほしい。日本でもお馴染みの壁に貼り付いているヤモリ（ニホンヤモリなど）やクレステッドゲッコー（Correlophus ciliatus）・トッケイ（Gekko gecko）などに瞼はない。瞼のあるヤモリというのは一部の種類に限られている。一方で、トカゲの仲間は、ニホントカゲにしてもカナヘビにしてもオオトカゲにしてもアゴヒゲトカゲにしても、ほとんどの種類において瞼を持つ。つまり、目を閉じることができる。そういう意味から、トカゲに似た特徴を持つヤモリということで「蜥蜴の擬き＝トカゲモドキ（英名：Eyelid Gecko）」という名が付けられた。

トカゲモドキの仲間を飼育するにあたり、もう1つ知って頂きたいことがある。ヒョウモントカゲモドキとニシアフリカトカゲモドキ、この2種に関してはトカゲモドキの中でも別格（特別）な存在だということだ。言い換えるなら、それら2種は「異端」な存在であり、同じ感覚でその他のトカゲモドキを飼育することは好ましくない。品種が多く作出され、おっとりした性格も相まってペット化が進んでいるそれら2種と比べると、その他のトカゲモドキは野生味が溢れる動きや体型をしており、モルフらしいモルフは存在していない。他の爬虫類同様、「愛玩用」ではなく、どちらかと言えば「観賞用」としての生き物だということを頭に入れておきたい。もし、トカゲモドキの中でペット向きな種類を希望するのであれば、ヒョウモントカゲモドキやニシアフリカトカゲモドキを選ぶべきだ

ハイナントカゲモドキの横顔。
瞼があり、目を閉じることができる

壁に貼り付くことができるクレステッドゲッコー

ろう。両者はペットとしての爬虫類という意味で、あまりにも「優秀すぎる」のである。どの種も主に夜行性、もしくは薄明薄暮性で、昼間は岩の下や隙間・倒木の下といった身を隠せる巣穴のような場所で休み、薄暗くなる頃から活動を開始して昆虫類や節足動物などを捕食する。ほぼ完全な肉食（食虫性）であるため、植物や果物などを自発的に食べることはない。自然下において、死んでいる虫類や小動物といった動かないものを自発的に捕食することは少ないと考えられる。とはいえ、ヒョウモントカゲモドキを筆頭に一部の種類は貪欲な面があり、飼育環境に慣れた個体は冷凍飼料や人工飼料を食べてくれことも多いので、飼育者としては安心材料となるかもしれない。ただし、コレオニクス属の小型種やゴニウロサウルス属の多くは神経質な種も多いため、人工飼料や冷凍餌などへの餌付けには苦労することもある。

トッケイなどのヤモリには瞼がない

ニホンヤモリ

ヒョウモントカゲモドキ。爬虫類の中でも最も広く飼育されている種の1つ

02 飼育の魅力

トカゲモドキにはさまざまな種類が存在し、習性は種類によって異なる。ひと口に魅力と言ってもそれぞれで捉えかたがだいぶ違うと言ったところであろうか。先にも述べたように、ヒョウモントカゲモドキとニシアフリカトカゲモドキを除けば、観賞用として飼育するスタイルとなる。特に一部の小型種に関しては、ぜひとも生息地の環境をイメージした雰囲気のケージを用意してほしい。近年多いキッチンペーパーやペットシーツなどでの飼育も種類によっては否定しないが、流木などの物陰に隠れながら様子を伺っている姿や捕食シーン、暗くなるとあたりを警戒しながら徘徊を始め、高台に登っていく様子などはトカゲモドキ飼育の見どころの1つで、観察していておもしろいと思う。

また、これは魅力と言って良いか難しいところであるが、一部の飼育困難種もしくはまだ繁殖例が少ない種を飼育した際、それらをうまく飼育できた時や繁殖に至った時の達成感は格別だろう。誰もが飼育できる種を選ぶことも良い選択の1つであるが、他のトカゲモドキ属にも興味が湧いてきたなら、飼育者の少ない種にトライをしてみるという「実践主義」の精神は、この分野においては大切にしてもよいのかもしれない。

03 近年の輸入状況と WC 個体の流通の現状

各種類の輸入と流通の状況であるが、これも種類などにより異なってくる。本来なら種類ごとの解説が必要となるレベルであるものの、ひとまず属ごとに分けて解説する。詳しい原産地データなどは「Chapter5 世界のトカゲモドキ図鑑」を参照してほしい。

●アエルロスカラボテス属（キャットゲッコー）

　流通の多いマレーシア（大陸）産の基亜種から。2023年現在、マレー半島のキャメロンハイランド（高地）周辺で採集されたWC個体を中心に1年を通して安定した流通が見られる。しかし、匹数は年々減少傾向にあり、価格もひと昔前と比べて上昇している。ワシントン条約は非該当なものの、マレーシアはワシントン条約非該当の種類であっても正規輸出にあたり輸出許可が全て必要となる。このように保護が厳しくなっている傾向にあり、WC個体の流通が見られるうちに繁殖も視野に入れつつ、日本国内で維持していきたい。

　ボルネオ産の亜種も同様で、マレーシア産ほどではないが、WC個体の比較的安定した流通が見られる。こちらも生息域が広くないという情報があるのと、インドネシアはマレーシアと同等以上に野生生物保護の傾向が見られるため、突然、流通がストップしてしまうことも十分考えられる。

　いずれもCB個体の流通は少なく、国内での繁殖個体がたまに見られるのみだ。海外の繁殖個体も稀に話は出てくるが、非常に高価であるため、2023年現在、日本での販売は現実的ではない。今の日本ではWC個体が比較的安価で流通しているが、安心することなく飼育に臨みたい。

入荷間もないキャットゲッコー。WC個体の流通が主

●ユーブレファリス属（ヒョウモントカゲ
モドキやオバケトカゲモドキなど）

　インドやイラン・パキスタンなど、生物
の輸出が困難な地域が主な原産国であるた
め、属全体でも90%以上はEU諸国やアメ
リカ合衆国・カナダなどで繁殖された個体
（CB個体）が流通の大半を占める。ヒョウ
モントカゲモドキは香港や韓国などのアジ
ア諸国からも各品種が盛んに輸入されてい
る。15年ほど前までは、ヒョウモントカ
ゲモドキに関しては、主にパキスタンから
野生個体（WC個体）が盛んに輸入されて
いたが、他種は日本国内にWC個体がまと
まって輸入されたことはおそらくないと考
えられる。特にインドはオーストラリアな
どと肩を並べるほど野生生物（特に爬虫類
や哺乳類）の保護に力を入れている国で、
インドからWC個体が販売目的で正式に輸
出されることは今後も望みが薄いだろう。

オバケトカゲモドキ

ヒガシインドトカゲモドキ

ヒョウモントカゲモドキ

●コレオニクス属（チワワトカゲモドキや
ボウシトカゲモドキなど）

　北米大陸が主な原産となる種（チワワト
カゲモドキやウシトカゲモドキ・サバクト
カゲモドキなど）は、10年ほど前までWC
個体が北米（フロリダなど）から多かれ少
なかれ輸入されていたが、ここ数年は北米
全体で野生生物の保護政策の影響が強ま
り、WC個体の流通はどの種も激減してい
る。一方で、CB個体はEU圏からの輸入
を中心に少しずつではあるがその数を増や
しているため、主に流通している種に関し
てはWC・CBを問わなければ見る機会はあ
まり変わらないだろう（WC個体の流通が
多かった20年以上前と比べるとあきらか
に減っているが…）。

　今回紹介していないがメキシコやバハカ
リフォルニアを主な原産とする種
（*Coleonyx switaki*など）は、流通がほぼなく、
ごく稀にEU圏で繁殖された個体が高額で
出回る程度で、今後も多くの流通は見込め
ないだろう。

　本属ではボウシトカゲモドキだけが昔か
ら安定した流通を見せており、2023年現
在もニカラグアからWC個体が安定して流
通している。ただし、ニカラグアも無制限
に輸出しているわけではなく、ワシントン
条約に入っていない種でも全て国からの輸
出許可が必要となっている。今後さらに保
護意識が強まれば輸出制限となる可能性も
あるので、入手された人はぞんざいに扱わ
ず、流通がなくなることも視野に入れつつ
飼育したいものだ。

サバクトカゲモドキ

●ゴニウロサウルス属（ハイナントカゲモドキやアシナガトカゲモドキなど）

　ハイナントカゲモドキを除き、流通は激減していると言える。中華人民共和国南部やベトナムを原産国とするほとんどの種類はWC個体の流通が大半であり、ハイナントカゲモドキやゴマバラトカゲモドキに関してはWC個体が安定かつ安価に流通していた（その他の種は元々WC個体すらも流通が少なかった）。しかし、2019年、本属全種がワシントン条約附属書II類に掲げられたことで、その後、流通は激減（64p「CITES（ワシントン条約）について」参照）。近年では国内の愛好家の努力で繁殖された個体が少しずつ出回っているが、見る機会が十分に増えたと言えるほどの匹数ではない。EU圏からの繁殖個体が少量ながら出回っているので、今後はそちらにも期待したい。

　ハイナントカゲモドキに関してはタイ（タイ王国）から繁殖個体が盛んに輸入されている。2023年現在、特に国産などの表記がなく、CBとして販売されている個体の多くは、生産国がタイである可能性が高いほど数多く輸入されているようだ。今後、他の種も繁殖される可能性もあるかもしれないが、タイから出国される生き物（本属以外にも）にはコクシジウム（細胞内に寄生する原虫）が寄生していることが多く、敬遠する愛好家も多いため、導入にあたっては悩みどころである。

ハイナントカゲモドキ

●ヘミセコニクス属（ニシアフリカトカゲ
モドキ・テイラートカゲモドキ）

　2種しかいないのでほぼ個別解説になる
が、ニシアフリカトカゲモドキに関しては
近年、欧米やアジア圏などさまざまな国から
CB個体（品種を含む）が輸入されている。
野生個体（WC個体）の流通も今のところ
多く、近年はだいぶ減少したものの、原産
国のトーゴやガーナなどから安定した輸入
が見られている。最新の品種（モルフ）の
一部を除けば、入手に苦労することはない
だろう。輸送状態が悪く、飼育困難と言わ
れていたWC個体に関しても、現地でのス
トック状況が格段に改善され、昔に比べて
良い状態で輸入されることが多くなったと
考えられる。筆者も西アフリカ諸国から

10年以上輸入を行なっているが、輸送状
態は全ての生き物において良くなってお
り、輸送手段においてもさまざまな工夫が
見られる。一方、テイラートカゲモドキだ
が、「Chapter5 世界のトカゲモドキ図鑑」
でも触れているように、近年はWC・CB共
に流通が非常に少なく、入手のチャンスは
限られている。昔はWC個体が少量ながら
流通していたものの、原産国のエチオピア
やソマリアの治安の悪化や資源保護の影響
で流通がほぼ皆無となってしまった。

ニシアフリカトカゲモドキ"アルビノ"

　2023年現在、上記のような流通状況で
ある。いずれもWC個体に関しては年々入
手が難しくなっている（ほぼ不可能と言え
る種も多くなってしまった）。まだWC個
体が入手できる種の流通価格も徐々に上
がっている。実際、現地からの輸出価格が
上昇しており、採集できる匹数が減った・
現地の人々の労働賃金の上昇などさまざま
な要因が絡んでいるものだと思う。「昔は
○○円だった」という人も少なくないが、
それを言って当時の状況が戻ってくるわけ
でもなく、どうにもならない。「買うこと
のできない○○円で永遠に探してなさい」

と言うしかない。現在、西アフリカ諸国や
ニカラグアが生き物の輸出を完全にストッ
プしてしまうということは考えにくいが、
タンザニアが7～8年前に生き物の輸出を
突如として完全にストップしてしまった事
例を考えると、どの国もそのような可能性
がゼロでというわけではない。ヒョウモン
トカゲモドキが良い例で、WC個体の流通
自体がほぼなくなってしまっていることを
考慮すれば、WC個体が定期的に流通して
いる種はまだ良しといえるものであり、今
後を考えると国内で安定したCB化を望み
たいところである。

04 それぞれの分布域と 生息環境(好む気候)について

こちらも流通状況と同様、属ごとに分けて解説する。「Chapter5 世界のトカゲモドキ図鑑」と合わせて読み進めて頂けたら、理解しやすいかもしれない。できれば世界地図を広げながら見てほしい。自身が飼育する種類の分布域(出身国)が世界のどこに位置しているのかくらいは知っておきたいところである。

●アエルロスカラボテス属(キャットゲッコー)

「Chapter5 世界のトカゲモドキ図鑑」の該当箇所と重複する部分もあるが、マレーシア(大陸)産の基亜種マレーキャットゲッコーは、キャメロンハイランドと呼ばれる高地やその周辺のやや標高の高い山地(標高1,000～1,500m前後)が主な生息域となる。気候区分から言えば熱帯モンスーン気候(弱い乾季のある熱帯雨林気候)にあたるため高温多湿をイメージしがちであるが、標高の高いキャメロンハイランド周辺は異なる。ひと口に言ってしまえば「冷涼多湿で風通しが良い」環境であり、夜間は半袖では寒くて出歩けないような日も珍しくない。この環境を飼育下で再現することは非常に困難であるのだが、風通しを重視することである程度解決できる。風通しを重視し、暑くなる時期は過剰に加湿をしない、とにかく「蒸れさせない」ことが最重要ポイントとなる。このあたりはゴニウロサウルスの仲間と共通するだろう。

インドネシア(ボルネオ島)産の亜種も好む環境は大きく変わらない。しかし、ボルネオ島のほうがマレーシア(大陸部)よりもやや雨が多い地域で、本亜種が生息する地域の標高もやや低いとされているため、過剰な低温と乾燥は好まない傾向にある。ただし、こちらも蒸れは厳禁と考えていただきたい。いずれの亜種も真夏でエアコンのない環境での飼育はほぼ不可能だと言えるだろう。

マレーシアのキャメロンハイランドの林。
キャットゲッコーの故郷

●ユーブレファリス属（ヒョウモントカゲ
モドキやオバケトカゲモドキなど）

　ほとんどの種類はインドやイラン・パキ
スタンなど南アジアから中央アジア南部に
かけて分布している。われわれにとって馴
染みのない国も多く、気候が想像しにくい
かもしれない。それらの地域の気候はス
テップ気候や砂漠気候などが中心で、昼夜
や季節による寒暖差が大きく、降雨の少な
い地域が多い。特にオバケトカゲモドキや
ダイオウトカゲモドキなどは生息地の標高
が高く、平均気温は想像以上に低い。たと
えば、オバケトカゲモドキが生息している
インドのイーラーム州の気温を見てみる
と、日本と同じく6〜8月頃までが年間で
最も暑い時期であり、最高平均気温は32
〜35℃前後・最低平均気温は18〜21℃で
ある。一方、冬となる季節は12〜2月で、
最高平均気温が9〜12℃・最低平均気温は
0〜2℃で、標高の高い生息域ではさらに
数℃低いと想像できるだろう。昼夜と季節
による寒暖の差が激しい。降水量は、6〜
9月頃までが乾季、11〜3月頃までが言う
なれば雨季となるが、雨季と言っても日本
の雨の多い時期の降水量の約半分程度（1
カ月あたり100mm前後）であり、雨季と
は呼べないのかもしれない。また、乾季に
おける1カ月の降水量は1mmに届くかど
うかという程度で、降雨がないに等しい。
日本で特に雨の少ない冬季（1月など）で
すらひと月あたり40mm前後の降雨があ

るので、いかに降水量が少ないかわかる。
　間違えていけないのは、どの種類も「砂
漠」に生息しているわけではないという点
である。大まかに言えば「荒地」であり、
大小の岩や石が点在する山岳地域。植物は
背の低いものを中心に所々に生えていると
いったところであろうか。そのような岩や
石の下などに巣穴を作り、特に気温が高い
時期や低い時期を乗り切っている。土中は
地上よりも温度変化が少ないため、暑い時
期は涼しく、寒い時期は多少暖かいという
ことになる。上記の気温をそのまま飼育に
取り入れてしまうのは誤りとなるので、気
をつけてほしい。

　本属の多くの種は、過酷な環境で生きて
いることが想像できると思う。このとおり
の飼育環境を再現する必要はないのだが、
特に繁殖を目指す場合は寒暖差などが重要
となるため（「Chapter4 トカゲモドキの
繁殖」参照）、頭に入れておいてほしい。
また、降雨がなくても昼夜の寒暖差があれ
ば条件次第で夜露や霧などは発生する。乾
季が厳しいから、または乾燥地域だからと、
全く水が飲めないかというとそういうわけ
でもないので、給水は怠らないようにする
（これは後述のコレオニクス属の一部にも
言える）。

●コレオニクス属（チワワトカゲモドキや
ボウシトカゲモドキなど）

　2つに大別され、1つは北米大陸南部か
らメキシコ北部が分布域となる種類、もう
1つはメキシコ南部から中米（ニカラグア
など）に分布域となる種類である。前者の
地域の気候は地中海性気候やステップ気候
に近いような環境がほとんどで、カリフォ
ルニア州の一部やバハカリフォルニアの一
部などに砂漠気候の地域が広がる。いずれ
の地域も季節による寒暖の差はあるもの
の、先述のユーブレファリス属が生息する
アジア圏ほどの差異ではない。しかし、昼
夜は比較的寒暖差がある地域も多い。一方、
メキシコ南部から中米にかけては、熱帯モ
ンスーン気候やサバナ気候の地域が多く、
年間を通じて平均気温は高めで、ある程度
の雨季と乾季の差が見られることが特徴で
ある。

　前者では降雨は少ない地域が目立つ。た
とえば、サバクトカゲモドキなどが生息し、
日本人も観光で訪れることも多いカリフォ
ルニア州南部の内陸部の気候は、1年間を
通じて降雨が非常に少なく、最も降る月
（12〜3月頃）でも日本の冬くらいの降雨（1
カ月で40〜50mm前後）しかない。気温は、
場所によって夏場にかなり暑くなるが、基
本的には日本と同じか（最高平均気温30
〜33℃前後）、多少前後する程度で、湿度

がない分、涼しく感じるかもしれない。冬
場はあまり寒くならず、10℃を下回るこ
とは少ない場所が多い。ただし、あくまで
も数字上の話であり、日差しは強く、数字
以上に暖かさを感じる日も多く、人間に
とっても比較的過ごしやすい気候ではない
だろうか。他の北米大陸南部や、メキシコ
北部を原産とする種（チワワトカゲモドキ
など）が生息する地域の気候もこれに準じ
て良いだろう。

　後者のボウシトカゲモドキやサヤツメト
カゲモドキが生息する地域は、雨季と乾季
がある程度はっきりしている。降水量は日
本に近しいかそれよりやや少ないことが多
い。基本的には、多かれ少なかれ年中降雨
がある。年間を通じてほぼ温暖で、最低気
温が17〜20℃・最高気温が30〜35℃と
いった具合だ。これらの種を飼育する際は
過度な低温に気をつけよう。

　このように本属の種類は、同じ属でも種
類によって生息地の気候（好む環境）が大
きく異なるため、似ている種類だからと決
めつけて飼育を開始しないよう注意してほ
しい。

●ゴニウロサウルス属（ハイナントカゲモドキやアシナガトカゲモドキなど）

　「Chapter5 世界のトカゲモドキ図鑑」の掲載種に関しては、全て中華人民共和国南部からベトナム北部にかけて生息している。温帯夏雨気候と呼ばれる地域が中心で、一部（海南島など）熱帯モンスーン気候にもあてはまる地域もある。日本（本州）とも似ているが、大きく異なるのは冬場の気温で、15℃を下回ることはあまりない。夏場は暑くはなるものの、日本のような酷暑となることは少なく、最高気温30℃前後の地域がほとんど。平均的に緩やかに暑いといった具合だろうか。トカゲモドキが生息する地域はやや標高が高い嶺のような場所が多いため、気温はより低めとなる。

実際に飼育していても暑さに弱い種が多く、日本の多くの地域において、夏場にエアコンなしで乗り切ることはほぼ不可能であることを理解して頂きたい。降雨は季節によりばらつきがあり、どの地域も雨季と言える時期は長めで（5〜10月頃）、いずれの季節も同月の日本の降水量を上回ることが多く、1カ月あたり250mmを超える地域も多い。乾季の雨量は極端に少なくなり、12〜2月頃は日本の冬よりも降雨が少ない。乾季は気温も下がる季節であるため、基本的に休眠状態となることが想像できるだろう。

　いずれにしても身近な気候としては、沖縄県などの南西諸島がイメージに近いだろうか。今回「Chapter5」では割愛したが、

クメトカゲモドキ

本属の日本固有種であるクロイワトカゲモドキやクメトカゲモドキなど（天然記念物に指定され飼育は不可）が生息している地域でもあり、同属種として好む環境は似ていると言える。沖縄と言うと常夏で暑いというイメージもあるかもしれないが、海に囲まれているため風通しは良く、彼らの生息している林や森は真夏でも想像以上に暑くない。これは百聞は一見にしかずということで、海外のフィールドに行くよりはるかに手軽な国内旅行の範疇でもあるので、興味のある人はぜひ生息地に出向いて、自身の肌でその環境を感じてほしい。

クロイワトカゲモドキ

●ヘミセコニクス属（ニシアフリカトカゲモドキやテイラートカゲモドキ）

　前項と同じく、ほぼ個別解説になる。ニシアフリカトカゲモドキは他のトカゲモドキに比べて広い生息域を持っている。主な輸出国のトーゴやガーナを中心に、アフリカ西部の内陸部にかなり広く分布しているが、どの国も好む環境（棲んでいる環境）は共通である。

　生息域のほぼ全域がサバナ気候（サバンナ気候）で、気温は年間を通じて最高平均気温が32〜35℃・最低平均気温が20〜23℃前後。季節による気温の大きな上下はないが、昼夜の温度差はやや激しい。降水量は他の気候の地域よりも雨季と乾季がはっきりと区別できる。最も雨の多いとされる8〜9月の平均降水量は200mmを超えることも多々ある一方で、12〜1月頃の乾季はひと月あたり15mmに届くかどうかというほどである。ニシアフリカトカゲモドキも過酷な環境で生きていることが想像できると思う。しかし、よく比較されるヒョウモントカゲモドキの生息地に比べて、温度変化があまりないという点と、乾季は厳しいながらも極端に乾燥する時期はやや短いという点で大きく異なっており、飼育する際は押さえておきたいポイントである。なお、降雨がなくても昼夜の寒暖差があれば夜露などは発生する。乾季だから、また

は乾燥地域だからと、全く水が飲めないかというとそういうわけでもないということも覚えておこう。テイラートカゲモドキに関しては生息地の正確な情報などが非常に少ないため、想像する部分もあるが、生息域であるソマリア北部やエチオピア東部のほとんどは砂漠気候（一部ステップ気候）であり、われわれがイメージするラクダが歩くような砂漠とはやや異なる。とはいえ、季節や昼夜の気温差は非常に激しい。夏場は最高平均気温が35～40℃・最低平均気温が26～30℃前後。冬場の最高平均気温は24～28℃・最低平均気温が22～25℃前後となる。テイラートカゲモドキが生息し

ているのは平地ではなく、やや標高の高い（300～500m前後）の山岳地域であるため、昼夜の気温差はもう少し大きいと予想される。しかし、飼育下では過度な低温（20℃以下など）に晒すと調子を崩すことが多いため、この環境をそのまま再現することはお勧めしない。降雨は年間を通じて非常に少ないが、7月前後に雨季があり、短期間なものの日本の梅雨くらいの降雨が見られる。生息地ではこの前後に繁殖活動が行われると推察できる。このような非常に特異な環境に生息している点も、本種が飼育困難種と言われる所以であるのかもしれない。

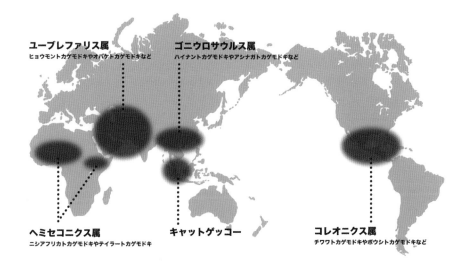

ユーブレファリス属
ヒョウモントカゲモドキやオバケトカゲモドキなど

ゴニウロサウルス属
ハイナントカゲモドキやアシナガトカゲモドキなど

ヘミセコニクス属
ニシアフリカトカゲモドキやテイラートカゲモドキ

キャットゲッコー

コレオニクス属
チワワトカゲモドキやボウシトカゲモドキなど

05 身体

先述したとおり、「瞼（まぶた）を持つ」という点がトカゲモドキの身体的部分における最大の特徴である。トカゲモドキは地上棲（地表棲）で、つるつるした壁は登れない。代わりに、四肢には爪が比較的発達しており、ざらざらした岩場や低木などは容易に登ることができる。見ために反して運動能力は意外と高いので、よほどの高さがないかぎり蓋のないケージを用いるのはやめたほうが良い。特にオバケトカゲモドキやゴマバラトカゲモドキ・アシナガトカゲモドキ、そしてキャットゲッコーなどは他種に比べて四肢がやや長く、岩や低木などに登ることに長けている。いや、長けているというよりも習性としている。活動時間になるとやや高い位置まで積極的に登り、そこから下を通る餌昆虫などを探す。飼育下でもレイアウトを工夫して、できるかぎり再現してあげたい。

皮膚はどの種類も厚めで、よほど強く握ったり擦ったりしないかぎり皮膚が剥けてしまうことはないだろう。質感は種類によって異なり、ざらざらした質感のタイプと滑らかな質感のタイプがある。しかし、属によって異なるわけでもなく、好む湿度によって変わるのかと思いきやそうでもないので、規則性らしいものはないようだ。

尾に余分な栄養分を蓄積できるように

なっている点はどの種でも共通だが、種類によって蓄積できる量に差が出る。たとえば、ヒョウモントカゲモドキとオバケトカゲモドキは同属で見ためが非常に似ているものの、尾の形にはやや差があり、オバケトカゲモドキの尾はあまり太くならない。ゴニウロサウルス属の多く（特に大型種）やコレオニクス属も尾は細めだ。一方で、ニシアフリカトカゲモドキやヒョウモントカゲモドキ、そして意外にもキャットゲッコーは、特に飼育下において餌を多く食べている個体ではすぐに尾が太くなる。いずれの種類も幼体期は成長に栄養を使うため、よほど過剰に餌を食べないかぎり、成体のようなバランスにはならない（なることができない）。よって、幼体時期は多少尾が細いようであっても心配しなくてもかまわない。自切（じせつ）をするが、突然自らが尾を切ってしまうことはほぼない。たいていは外からの圧力（人間が尾を強く握ってしまったり、何かに挟まってしまうようなこと）が主な自切の要因なので、可能なかぎり尾にはダメージを与えないようにしよう。どの種類も尾を切ったとしても生えてくるが、再び生えた尾（再生尾）は完全な元どおりの形にはならない。ただ、時にはまん丸だったり、ひょうたん型のようだったりとかわいらしい形で再生するこ

ともあり、種類によっては再生尾のほうが好きというファンも少なくない。

　顔の形は種類によってかなり差があり、これもトカゲモドキのおもしろいところである。全体的に言えるのは野生個体に比べて飼育下での繁殖個体（CB個体）はやや丸みが増す傾向にある。特にヒョウモントカゲモドキやニシアフリカトカゲモドキなど、累代が進んだ個体はより丸くなること

が多い。もちろん、個体差があり、よく見ると個性豊かな顔が揃っていて、好みの個体を顔つきで選ぶ人も珍しくない。たまに生まれつき下顎が若干出てしまっている個体もいるが、よほどの突出でなければ生きていくうえでの影響はないので、「難点」ではなく「個性」だと思ってもらえたら幸いである。

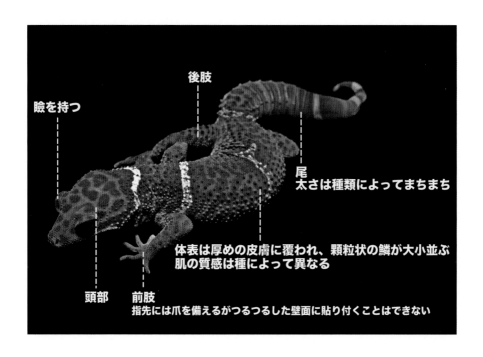

後肢

瞼を持つ

尾
太さは種類によってまちまち

体表は厚めの皮膚に覆われ、顆粒状の鱗が大小並ぶ
肌の質感は種によって異なる

頭部　前肢
指先には爪を備えるがつるつるした壁面に貼り付くことはできない

02 CHAPTER

トカゲモドキ飼育の
セッティング

—Settings for keeding Eublepharidae—

ここからはいよいよ飼育を開始するための準備です。
「トカゲモドキ」とひとまとめにして大丈夫?
そうではありませんよ!!
ここでは基本的なセッティング方法を中心に紹介します。

01 迎え入れと持ち帰りかた

　ここ数年、ヒョウモントカゲモドキやニシアフリカトカゲモドキのさまざまなモルフ（品種）が非常に多く流通するようになり、この2種に関しては見かける機会が格段に増えた。専門店はもちろん、ホームセンターのインショップや熱帯魚店などでも少量であれば取り扱っていることもあるだろう。その他の種類に関しては流通量が多いとは言えず、15年ほど前は一般種だったのに現在は目にすることすら困難となってしまったものも多い。特にコレオニクス属やゴニウロサウルス属の仲間はややマイナーな種も多いので、それらを積極的に仕入れて販売している、信頼のおける専門店を見つけておくと良いだろう。

　近年、各地で開催されている爬虫類イベントでの購入も手段の1つだ。特にブリーダーイベント（国内繁殖個体を主な出品対象としたイベントなど）では、繁殖している人から直接購入できる機会でもあるので、出向けるタイミングがあればそれも良いと思う。注意点としては、イベントは近年どこも活況で、出展者（お店）も非常に忙しい場合が多い。細かい説明をしたくもできなかったり、買う側も遠慮がちになってしまうことも考えられるので、これから飼育を始める場合や、まだまだ飼育に自信のない人は、できるかぎり実店舗（できれば専門店）に足を運んでじっくりと、納得いくまで説明を受けると良いだろう。購入する生き物への説明は店側の義務であり、怠る場合は動物愛護法違反にもなる場合がある。販売している生き物の知識がないことは通常では考えられないので、遠慮せずにどんどん質問してみよう。

　持ち帰りは、信頼のできるショップでの購入であれば、時期や季節に合わせて適切なパッキングと保温・保冷処理をしてくれるので基本的にお店に任せておけば問題ない。しかし、持ち帰りにかかる時間や各個人の移動手段・交通状況（極端に暑い・寒いなど）はさすがに把握していないので、お店側にしっかり伝えたり、ある程度の自衛策（保温バッグの持参など）をしておけばより安心できる。ゴニウロサウルス属やキャットゲッコーなどを除けば暑さにはそこそこ強い種類が多く、真夏の炎天下に放置しないかぎりは春〜秋に関しては心配はほぼない。真冬は基本的に使い捨てカイロをお店側が用意してくれる場合が多いが、

イベントなどでは用意がない場合もあるので、念のため持参することを推奨する。カイロは貼る場所によっては高温になりすぎてオーバーヒート（熱中症）になる危険性もあるため、不安な場合はお店に任せよう。自分で処理する場合は、説明が難しいのだが「これで効くかな?」という程度の場所に貼ることがポイントである。間違っても容器（プラスチックカップなど）の真下に直張りしてしまうようなことはNG。多少寒い場合でも死んでしまうことはほぼあり得ないが、逆に暑すぎれば即死に繋がる。勘違いされがちだが、爬虫類に限らず多くの生き物は寒さにはわりと強い。寒ければじっと我慢するだけなのに対して、暑さが度を越すと熱中症で即死するケースが多いのだ。乱暴に言ってしまえば、大きめのヒョウモントカゲモドキを真冬に保温なしで約1時間、電車などで持ち帰っても、本州レベルの気温であれば死ぬことはないと思う。褒められたことではないが、爬虫類に対してこのような考えかたを持って頂けると幸いである。

02 飼育ケースの準備

どこまでやるかという話になるのだが、ヒョウモントカゲモドキの飼育同様、どの種類においてもシンプルな形で飼育は開始できる。その際に最低限必要となる器具は、

□ 通気性があり隙間なく蓋ができるケース
□ 床材
□ シェルター（隠れ家）
□ 温度計
□ 保温器具

いずれにしても、各々の大小や種類は状況に応じて変える必要があるが、大まかにこれらがあればひとまず飼育開始ができ

る。使用方法は29pからのセッティング例のイラストを見てほしい。

まずケージ選び。たとえば、成体サイズで全長20〜25cm前後の種類だとすると、底面積が30×30cmかそれに準ずるサイズ（もしくはそれ以上）のケージを用意すれば終生飼育が可能だと言える。オバケトカゲモドキは30cmを超えることが珍しくないので、1匹で飼育をするにしても、45×30cm以上の面積を確保したい。ポイントは通気性としっかりとした蓋ができること。爬虫類用として販売されているアクリルケージやガラスケージ・大きめのプラケースであればほぼ問題ない。さまざまな

爬虫類飼育用に市販されている砂

市販のソイル系の床材

流木

デザインのものが発売されているので、好みのものを使うと良いだろう。地上棲なので高さはあまり必要ないが、高さがあれば上のほうにエアープランツを植栽してみたり、形の良いコルクや流木でレイアウトしたりと飼育の幅が広がるので、各自お好みで選択してほしい。また、「Chapter1」で触れたように、オバケトカゲモドキやゴマバラトカゲモドキ・アシナガトカゲモドキ・キャットゲッコーなどは立体活動を好むので、あまりに背の低いタイプのケージは使わず、高さにも余裕があるものを選ぼう。

　注意したいのは自作のケージだ。近年では100円均一や生活雑貨量販店などで適当なサイズのケース（収納容器）などを買ってきて、加工してケージとする飼育者も多い。駄目なことではないが、ビギナーや少しでも不安に感じる人には推奨できない。それらは生き物の飼育用として販売されているものではないからである。たとえば、名の知れたブリーダーがそのようなケージを使っているとする。何もわからない人は「それで飼育できる、いや、むしろそれが良い」と勘違いしてしまうだろう。しかし、飼育経験が豊富な人はその生き物の特性や

好む環境・必要な条件を熟知していて、それに合わせて商品を加工したりする術と、適切に保温や保冷をする方法を知っている。生き物の特性や習性などもわからない経験の浅い人が、外見だけを真似して飼育することは危険であり、すべきことではない。筆者は別にメーカーの商品を多く売ろうと思っているわけではない。しかし、有名メーカーの商品（ケージ）であれば、少なくとも爬虫類を飼育するにあたって購入して、そのまま適切な状態で使用したとしたら、生き物を殺してしまうような商品はない。安く済ませたい気持ちはわかるが、経験の浅い人ほど、生き物を飼育するために販売されている製品を使用したほうが良いだろう。

　床材に関しては最もこだわりたい部分である。さまざまな選択肢があるが、今回紹介するトカゲモドキの仲間には大きく分けて「やや乾燥を好むタイプの飼育」と「保湿が必要なタイプの飼育」「その中間」の3つがある。

1. やや乾燥を好むタイプ：ヒョウモントカゲモドキ・オバケトカゲモドキ・ダイオ

ウトカゲモドキ・サバクトカゲモドキ・チワワトカゲモドキなど

2. 保湿が必要なタイプ：キャットゲッコー・ゴニウロサウルス属全種（ハイナントカゲモドキ・ゴマバラトカゲモドキなど）・サヤツメトカゲモドキ・ボウシトカゲモドキなど

3. それらの中間：ニシアフリカトカゲモドキ・テイラートカゲモドキ・ヒガシインドトカゲモドキ

1.のグループは、ヒョウモントカゲモドキの飼育スタイルをそのままあてはめることができる。床材の選択肢も比較的幅広いが、筆者がお勧めしたいのは市販の爬虫類飼育用ソイル各種や砂・中〜細目のバークチップ・園芸用の赤玉土など。

2.のグループはやや湿度のある環境を好む仲間であるため、床材はある程度保湿ができる（水分を含むことができる）ものを使用する。細かめのヤシガラ・テラリウム用のソイル・園芸用の赤玉土などが中心となるだろう。この仲間は床材にはこだわる人も多く、多くのベテラン愛好家は各自で赤玉土や黒土などをブレンドして自身の配合を見つけ出したりしている。飼育に慣れてきたらアレンジしてみても良い。

3.のグループに関しては2.の仲間と同じものを使用し、それを霧吹きなどで床材に含まれる水分を調節する（2.の仲間よりやや乾き気味をベースとする）と良いだろう。

近年ではキッチンペーパーを使用して飼育する人も多い。駄目ではないし、種類によって、またはやりかた次第で飼育も十分可能だと言える。しかし、「楽だから」という理由でキッチンペーパーを選ぶ人は、かなりの確率で後悔することになる。悪いことは言わないのでソイルなどを敷いて飼育することを推奨する。キッチンペーパーは1枚の紙であり、その1カ所に糞をした場合、全交換することになる。その際、個体を退かし、シェルターなどを全部出して初めて交換ができる。それを週に1回も2回もやることは、はたして楽だろうか？そして、生体にとってストレスを与えていないだろうか？それならばソイルなどを敷いて、猫のトイレのように糞をしたらその周りにくっ付いている床材と一緒に捨てるという形のほうがはるかに楽だし、成体へのストレスも少ないと考える。人それぞれ感じかたが違うので何とも言えないが、いかがだろうか。加えて、上記の2.にあてはまる仲間全般やコレオニクス属（ボウシトカゲモドキなど）は神経質な種も多いため、毎回掴んで移動させられることはあまり好ましいことではないと言える。

なお、床材（ソイルやバークなど）を敷くと言うと、誤飲を心配する人が非常に多

やや乾燥を好むタイプ（チワワトカゲモドキなど）

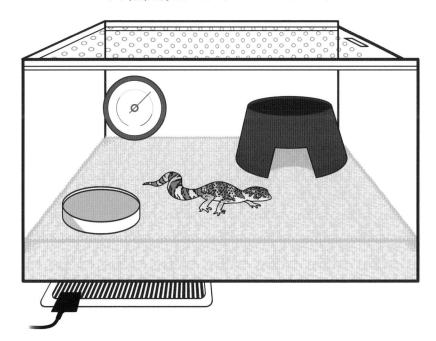

い。時に、誤飲は生体へ致命傷を与える。しかし、考えてみてほしい。トカゲモドキが生息する場所（自然）にも土や砂は存在する。ソイルも赤玉土・砂も元は自然の土だし、バークチップなども自然由来のものである。そんなものを飲み込んだ程度で次々に死んでいたら、山岳部などで石がごろごろしている場所に生息しているトカゲモドキなんかとっくの昔に絶滅していると

ダイオウトカゲモドキはやや乾燥を好むタイプに含まれる

思う。筆者は今まで数え切れないほどのトカゲモドキを管理してきたが、あからさまに誤飲が直接の原因で死亡したと思われる個体は、自身の管理している範疇ではほぼなかったと言える。ソイルや砂を誤飲した個体を数え切れないくらい見ているにもかかわらずである。誤飲を気をつけることは悪いことではないし、どうしても不安な人はキッチンペーパーを使用したりするのも悪くない。しかし、誤飲に対してあまりに敏感になりすぎるのは飼育の幅を狭めるだけでなく、ペーパーでの飼育は種類によっては飼育そのものに黄色信号が出てしまうことになるため、「ペーパー＝安心」という考えはやめたほうが良いだろう。。

ただ、近年はヒョウモントカゲモドキやニシアフリカトカゲモドキを中心に、掛け合わせが進んだモルフが出現したり、そうでない場合（それ以外の種類）も繁殖個体の流通が中心となっている。その場合、野生下では淘汰されてしまうような、生まれつき体の弱い個体が出回っていることも考えられる。そのような個体だと誤飲をした時にうまく吐き出せなかったり、排便の力が弱かったりすることもあるだろう。また、老成個体や体力が低下している個体も同様の不安はある。いずれにしても不安な場合は信頼できるお店などに相談するなどして、種類や個体サイズによって床材を変え

るなど臨機応変に対応したい。

その他の用品に関しては、各々気に入ったものを選んで使用すれば良い。シェルター（隠れ家）は各メーカーが発売している市販の製品でも良いし、流木やコルクを使って隠れる場所を作っても良い。ただし、流木を複数組む場合は、できればシリコンや結束バンドなどで固定し崩れないようにしよう。コルク程度なら軽いので問題ないかもしれないが、大きめの流木が仮に崩れて個体に直撃してしまったら、死亡してしまう可能性もある。少しでも不安があれば、何かしらで固定をしたいところだ。同じ理由であまりに大きめの岩も推奨できない。

温度計は気温の目安として設置しておきたい。設置する場所はヒーターを設置する場合、敷いてない側に設置すれば、ケージ内で低い部分の気温を知ることができる。特に夜間にどのくらいの気温まで落ちているのかを見て、ヒーターの数の増減や強さの調整をしよう。ただし、市販の爬虫類用温度計は完璧なものではないものが多いため、あまりにその数字を信じすぎることも危険である（「保温器具の選びかたと設置」参照）。

水入れは筆者の考えとしてはどちらでも良いと考えている。本来、水たまりや池などの溜まった水を、狙いを定めて（意図的に）飲みに行く習性のない生き物であるた

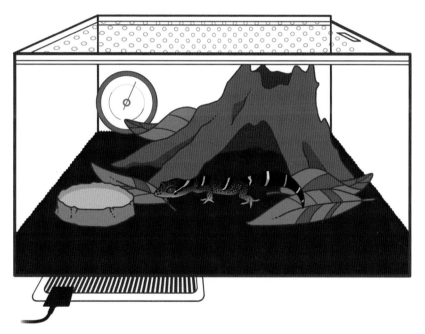

め、水入れを設置したところでそれを認識して積極的に飲むことはほぼない。強いて言えば、ケージ内をうろうろしていてたまたま水入れに足を突っ込んだ時に「水がある」と認識して飲む。一部の種類（個体）は水場だと覚えることもある。そういう意味では「あって駄目なもの」ではないが、水入れを入れることによりケージ内の行動スペースがあからさまに狭くなってしまう

ハイナントカゲモドキは保湿が必要なタイプで飼育する

ようなら、入れないほうが良い。その際の
給水は霧吹きによって行えば十分である
（後のメンテナンスの項を参照）。

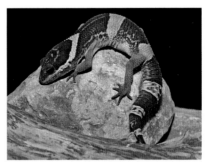
ヒガシインドトカゲモドキは中間タイプの飼育環境で

オバケトカゲモドキなどは多少の立体活動が
できるようにレイアウトすると良い

03 保温器具の選びかたと設置

　保温器具は生死に直結することが多いため慎重に選ぶべきだ。好む温度帯は「Chapter1」のように種類によってかなり異なるため、こちらも床材の項と同じくグループ分けをした。

1. 高めを好むタイプ：ヒョウモントカゲモドキ・サバクトカゲモドキ・チワワトカゲモドキ・ニシアフリカトカゲモドキ・テイラートカゲモドキ・サヤツメトカゲモドキ・ボウシトカゲモドキ
2. 低めを好むタイプ：キャットゲッコーやゴニウロサウルス属全種（ハイナントカゲモドキ・ゴマバラトカゲモドキなど）
3. それらの中間：オバケトカゲモドキ・ダイオウトカゲモドキ・ヒガシインドトカゲモドキ

　1.のグループはやや高めを好む。繁殖を考えず、ひとまず飼育だけを考えた飼育気温であれば25〜32℃前後の間でキープしたいところである。それより多少低くなっても死ぬことは考えにくいが、活性が下がって餌食いは悪くなるかもしれない。また、昼間に温度が上がって餌をたくさん食べるのは良いが、その日の夜にがくっと温度が下がってしまうと、消化不良による吐き戻しという危険性が出てきてしまうので、夜間までしっかり保温されているかをチェックしよう。

　2.のグループは対照的にやや低めの温度を好む。同じく飼育だけを考えた温度であれば22〜28℃前後の間をキープする。どちらかと言えば低温には強く、高温には弱い種類が多い。大切なのは、過度に「保温をする!」と意気込まないことである。飼育する場所（飼育部屋の環境）にもよるが、保温球はもちろん、「暖突」などの強い保

サバクトカゲモドキ

温器具使用しないほうが良いだろう。

3.のグループは、2.と3.の中間と表記したが、どちらかと言えば1.のグループに近い。数値としては23〜30℃前後をキープしたいところだが、それが常に30℃ではこのグループの種類はばててしまい状態を崩すことが多い。イメージとしては「暑すぎないように注意する」ことで、日中などが暑くなりすぎるようなら夜間の温度を下げ、クールダウンできる時間帯を作るようにする。

いずれもパネルヒータータイプのものをケージ底面や側面からあてがい、それでも真冬などで十分な気温が確保できないようなら、「暖突」などのケージ内上面に設置するタイプの強めの保温器具を併用したり、もう1枚パネルヒーターをケージの別の面に使用するなどの追加保温を行う(「暖突」などのタイプは設置方法に工夫が必要)。保温球タイプのものやエミートタイプ(光を出さない)の製品は温度がしっか

り上がるのは良いが、小型ケージだと設置が困難なのと、飼育ケージにプラスチックやアクリル製を使用する場合、そこに触れてしまって溶けてしまい、火災に繋がるおそれがあるので使用しないほうが無難。いずれも不安な時は、購入時に相談する。

よく耳にするが「このサイズのケージには、このサイズの保温器具で大丈夫」というような保温器具の選びかただけはやめてほしい。ケージのサイズによって強さを決めることは間違いではないが、気密性の高い新築マンションと築年数うん十年、もしくは、隙間風たっぷりの一戸建で飼う場合、保温器具は同じで良いのだろうか。もっと言えば、爬虫類は飼育していないけど犬や猫・小動物などを飼育していて、24時間365日エアコンを稼働している人ではどうだろう。そう、保温器具は今の各家庭の事情(爬虫類を飼育する部屋や場所の事情)も考えて選ばなければならない。筆者は店頭で、初めて飼育をされる人で保温器具を

キャットゲッコー

購入する際、必ず「問診」をしている。各家庭環境を知らずに安易に保温器具を勧めることは生体の生命に関わるからだ。初めて飼育する人で保温器具を悩む場合は、ケージを設置する部屋の環境をお店にしっかり説明すれば、お店がそれに合った製品を一緒に考えてくれるはずだ。

ケージに合う保温器具を選ぶことができたら、設置に取りかかる。ポイントは「全体を暑くしすぎないこと」である。パネルヒーターを敷く場合、季節や家の環境にもよるが、ケージの半分から3分の2ほどの面積にヒーターを当てるようにし、温度が足りなければヒーターが当たる面積を増やす。必ず一部にヒーターが当っていない部分を作るようにする。これは生体の「逃げ場所」を作る意味があり、部屋の温度が上昇し、暑すぎた場合などにクールダウンできる場所を作ってあげないと、個体は熱射病になって脱水を起こしてしまったり、場合によっては即死してしまう可能性もあ

る。先にも述べたが、トカゲモドキに限らず生き物全般、暑いよりは寒いほうが死亡リスクは少ないと考えれば、加温は「少し温度が足りないかな」という程度から少しずつ行うようにしたい。また、温度計をあまりに信用しすぎるのも問題であり、温度計を参考にしつつ、基本的には個体の行く場所を観察して加温の強弱をするように心がけよう。常にヒーターの上にいるようであればケージ内が寒いということだし、逆にヒーターから逃げるようにしていれば暑すぎる。1日のうちに時間によって行ったり来たりしていればある程度ちょうど良い、といった具合である。これらはざっくりとした言いかたで、あくまでも目安としてほしいのだが、野生生物の生活力（危機管理能力）は想像以上であるので、それをうまく利用しない手はないだろう。

ダイオウトカゲモドキ

03 CHAPTER

日常の世話

─ everyday cares ─

飼育の中心とも言える、日々のメンテナンス（世話）の話です。
やることは非常に少ないですが、
それだけがメンテナンスではありません。
個体を日々観察しながら観察力を養い、
変化に気づけるようになることも大切です。

01 餌の種類と給餌

トカゲモドキ全般、ほぼ完全な昆虫食の生き物である。よって、餌の種類は個体のサイズに合った餌用の昆虫類を与えていれば大きな問題はない。コオロギを中心にデュビア・レッドローチなどが入手しやすく、主食にできる餌昆虫である。どれを使ったほうが良いか、それはこの3種（コオロギを2種と考えると4種）の中においては特筆して「どれが良い」ということはほぼない。個体によって好みはあると思うが、それも慣れが解決してくれると思うので、飼育者の飼育スタイル（餌昆虫の管理方法など）によって選べば良い。

近年では冷凍技術の発達に伴い、各虫の冷凍も発売されている。冷凍は乾燥や缶詰よりも活に近いものなので、食いの悪さはほぼ見られない。急速冷凍されているものは栄養面でも不利は少ないと考えられるので、活き虫をストックすることが難しいようであれば、冷凍も選択肢の1つに入れて良いだろう。

その他の餌昆虫として、ミルワームやハニーワーム・シルクワームなども流通している。これらを食べさせても問題はないが、栄養補助だったり、飽きさせないため、もしくは、導入初期の餌付けなどに使用するおやつ的な扱いとする。ミルワームは欧米では主食にしているブリーダーもいるが（厳密にはワームの種類が異なると言われているが）、それはあくまでも高温の飼育下においてしっかり消化ができるという前提が必要となる。今回紹介しているトカゲモドキは過剰な高温を好まない種も多く、消化できずに下痢をしてしまったり吐き戻

フタホシコオロギ

イエコオロギ

038

してしまったりする可能性がある。きちんと消化できないということは、栄養の吸収効率も悪くなると考えられるので、不安な場合は主食として常用しないほうが無難。

与えかたはピンセットで与えるか、活昆虫であればケージ内に虫を放す形（ばら撒き）で与えるが、これは飼育個体の好みや自身のやりやすい方法で良い。個体ごとの特徴もあるので、購入するお店に特徴や店内での餌の与えかたを聞いておくと良いだろう。特にやや神経質な種類（ゴニウロサウルス属やコレオニクス属の多く）はピンセットでの給餌に慣れるまで時間を要する個体も多く、臨機応変にやりかたを変えるようにする。使用するピンセットは木製でもステンレス製でもどちらでもかまわない。あなたが扱いやすいほうで良い。ステ

ンレス製は生き物の口を痛めるという意見もあるが、筆者は20年近くステンレス製のピンセットで全てのメンテナンスをしているが、それが原因で怪我をしてしまった個体はいない。扱いかた次第だと言える。衛生面を考慮するなら、筆者はステンレス製をお勧めしたい。

餌昆虫にはサプリメントを併用するのだが、主にカルシウム剤とビタミン剤となる。トカゲモドキの仲間は紫外線ライトを使用せずに飼育することがほとんどだと思うので、ビタミンD3入りのカルシウムを中心に使う。ビタミンD3というのはAやEなどとは役割が全く異なり、カルシウム分を効率的に体内に吸収できるよう補助をするための成分で、脊椎動物にはなくてはならないものだ。紫外線を浴びることによって体

デュビア

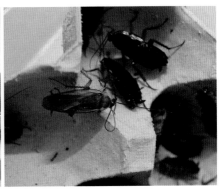

レッドローチ

内で形成されるビタミンであり、人間も日光を浴びると体内で作られる。しかし、多くのトカゲモドキの仲間は明るいうちは不活発で日光浴をする生き物ではないし、紫外線を当てて飼育することはほぼないため、サプリメントから摂取させたいところである。ただ、本来紫外線をあまり必要としない生き物を飼育する場合、D3もさほど必要としないので、過剰摂取させてしまうと、肝機能障害や食欲不振などの悪影響も懸念される。産卵などのためにカルシウムをたくさん摂取させたい場合は、D3を含まないカルシウム剤を併用するなど工夫しよう。

　先にも少し触れたが、カルシウムと共にビタミン剤（マルチビタミンなど）も積極的に使ったほうが良い。近年ではビタミン（AやEなど）やその他微量元素の重要性が注目されている。特に爬虫類飼育において重要かつ必ず起きる事象として脱皮があるが、脱皮においてビタミンと密接な関係を持っている。人間に置き換えればわかりやすい。「紫外線などでダメージを受けたらビタミンを摂取し、お肌をケアしましょう」と謳われることがある。脱皮というのは皮膚の再生であり、それを促すのがビタミン（主にB群）というわけだ。それが不足していると脱皮不全が頻発したり、他にも目の異常などさまざまな部分に影響が出る可能性がある。カルシウムは必須とされていて飼育するにあたって使われるケースは多いが、ビタミンはまだそこまで浸透していないのが現状なので、カルシウムを使うのと同時に各種ビタミン剤を使う癖をつけた

ハニーワーム

い。ただし、ビタミンもカルシウム同様に過剰摂取は悪影響になる場合もあるので、給餌のたびに交互に使うなどの工夫をしよう。いずれの場合も主な使いかたはコオロギが薄っすらと白くなる程度に付けて与えれば問題なく、あまりに真っ白になるほどサプリを付着させてしまうと、味が変わってしまい（まずくなる）食べなくなってしまう個体もいるので、特に導入初期は少なめに付けて与えると良いだろう。近年ではビタミン群とカルシウムが一体型となったサプリメントも発売されているので、それらもうまく利用したい。

　餌のペースは個体のサイズにもよるが、どの種類も幼体でほぼ毎日（週に5〜6回程度）こまめに与え、亜成体になれば週に2〜3回程度、完全な成体（4〜5歳かそれ以上）であれば週に1〜2回の給餌で十分だ。強いて言えば、小型のコレオニクス属（チワワトカゲモドキやサバクトカゲモドキなど）は大型種に比べて代謝がやや速く、体内の栄養の貯蓄も少ないので、成体になったとしてももう少し与えても良いだろう。量は体に合うサイズのコオロギであれば、平均して3〜6匹与え、活性が高そうな時は6〜8匹、もしくは食べるだけ与えても良い。いずれにしても体型や尾の太さを見て調節しながら与えることが望ましいだろう。

　給餌面でやってはいけないことは「太らせすぎること」だ。尾に栄養を溜め込むことのできるトカゲモドキの場合、プリプリした尾はかわいらしさがあるため、太くしたくなる気持ちもわかる。しかし、尾の太

シルクワーム

さは健康に比例するかというと必ずしもそうではない。過剰に細すぎることはNGだが、大まかに言ってしまえば、ヒョウモントカゲモドキやニシアフリカトカゲモドキの場合、成人男性の人差し指くらいの太さがあれば十分（オバケカゲモドキなどは元々あまり太くならない）。どの種類も野生個体に尾が過剰に太くなった個体はほぼ見られない。尾に溜まった栄養は「今すぐは不要な栄養」であり、仮に尾が過剰に細くても病気で細くなったわけでないならば特段問題はない。逆に、尾が過剰に太いということは体にはもう十分すぎる栄養分が回っているという意味であり、場合によっては肝臓肥大や高脂血症などの、人間で言うところの生活習慣病のようなことになりかねない。爬虫類を飼育していて「突然死」という言葉を耳にするが、これらの多くは外見ではわからない内臓障害である可能性が低くないと考える。人間の体内ですらわからないことだらけなのに、こんな小さな生き物の体内で何が起こっているかなど知る由もない。飼い主にしてみたら、「しっかりと太っていて健康的…」と勘違いした状態で飼育していたので、「原因は不明＝突然死」と思ってしまうのである。人間は常に人間ドックなどで「太りすぎ」「肥満」と言われ改善を求められるのに、爬虫類は太っていたほうが良いというのは、辻褄が合わないのではなかろうか。1度太った個体、特に成体を故意に痩せさせるのは想像以上に難しい。人間同様、太りすぎず痩せすぎずの普通体型が1番なのである。

市販のカルシウム剤、ビタミン剤などのサプリメント。各々の製品の説明を読んで正しく用いたい

02 人工飼料の是非

　近年は日本に限らず世界的に爬虫類の飼育人口が増え、それに合わせて国内外の各メーカーが新製品を次々とリリースしている。レオパードゲッコーやその他昆虫食の爬虫類に向けた人工飼料もそのうちの1つで、日本だけ見ても数種類の人工飼料が発売されている。しっかりと研究されており、多くの製品でそれのみで終生飼育および繁殖からそれらの子供の育成まで十分可能だというデータが得られている。これは飼育者からすれば心強いアイテムであり、なかなかコオロギを買いに行けない地域の人や、家庭の事情でコオロギをたくさんストックすることが難しい人などにはありがたい存在である。

　しかし、店頭やイベントなどでしばしば聞かれるが「虫が触れない（嫌い）な人でもこれを使えば飼育できます」という謳い文句（売り文句）には、賛同できない。筆者はいつも「昆虫が絶対に触れない人や家に持ち込むことができない人は、少なくとも昆虫食の生き物は飼育できません」と伝えている。家庭の事情でコオロギを管理することが"難しい"から人工飼料で飼育を開始することには反対しないし、悪いことだとも思わない。しかし、その人工飼料を食べなくなってしまった時、虫を絶対に触れないという人はどうするのか。家庭の事情でストックできないという人なら、とりあえず食べきれる分だけ買って与えようということができるだろうが、虫が触れないという場合、餓死するのを待つだけなのか。そう考えると「虫を絶対に触れない」という人に、昆虫食の爬虫類の飼育は無理だろ

レオバイト。コオロギを原料にした粉末状の餌。水分を含ませて団子状にして与える

レオパゲル。チューブから適量を取り出して与える

う。人工飼料は「いつでも必ず食べる餌」というわけではないということは覚えておいてほしい。

　そういう意味も含め、昆虫食の爬虫類向け人工飼料はあくまでも「お助けアイテム」の延長だと捉えておこう。たまに勘違いしている人もいるが、人工飼料を使ったほうが良い、もしくは使わなければならないというものでもない。あくまでも虫を与えることをベースとし、自身の生活スタイルや家庭の事情によって人工飼料の助けを借りながらうまく飼育しほしい。

　なお、肝心の人工飼料への反応であるが、今回紹介しているトカゲモドキの中で、ヒョウモントカゲモドキは人工飼料への餌付きは非常に良いと言える。しかし、それ以外の種類はやや反応が悪かったり、味を

気に入ってくれない場合も多い。特に神経質な種類の多いゴニウロサウルス属（ゴマバラトカゲモドキやアシナガトカゲモドキなど）やコレオニクス属の多くは、常にピンセットで給餌していてピンセットを見ればすぐに噛りついてくるような個体であれば別だが、そうでない場合や輸入直後の個体を慣れさせるのには苦戦するかもしれない。全く慣れない場合も多いだろう。店頭で販売されている個体は人工飼料に餌付いてないこともよくあるが、お店が悪いわけでも何でもなく、人工飼料への餌付けはあくまでも「おまけ」なのである。それを常に求めることはナンセンスであり、「人工飼料に餌付いていないことが当たり前」「餌付いていたらラッキー」だと考えよう。

レオパドライ。
スティック状の餌で、水分でふやかしてから給餌するタイプ

レオパブレンド。こちらも水分でふやかしてから給餌する

03 メンテナンス

糞

日々のメンテナンスで行うことは少ない。霧吹き・目立つ糞を取り除く・給餌・水入れを入れている場合は水の交換。このくらいである。メンテナンスの中心は霧吹きと給餌となるが、特に霧吹きは重要だ。ゴニウロサウルス属やヒガシインドトカゲモドキ・ボウシトカゲモドキなどはやや湿度のある環境を好むため、霧吹きでの調整が必須となるが、それ以外にもオバケトカゲモドキやダイオウトカゲモドキなどは、乾燥した環境での飼育にはなるものの水分を多く摂取する。トカゲモドキ全般、野生下では溜まった水を飲む習性はないため、水入れを入れておいても慣れていない個体では水分を摂取できていないことが多い。定期的に霧吹きをしてケージの壁などに水滴を付け、確実に水分を摂取させてあげよう。湿度が必要な種類の場合、乾燥を怖がるあまりに過剰に保湿（加水）をしようとする人が多く見られる。たしかに乾燥状態が続くことは危険であり、特に幼体に関しては乾きすぎは脱皮不全になりやすく、命取りになりかねない。だからと言って、常に床材に水が浮いていたり、壁面に水滴がたっぷり付いた状態が続いていたりすることは良い環境とは言えない。感覚としては「乾きすぎないように気をつける」程度がちょうど良いだろう。回数はケージの乾き具合を見ながら調整し、毎日でも2日に1回程度でも正解・不正解はない。霧吹きの水は保湿の意味と給水（飲み水）の意味を兼ねるため、種類によっては週1〜2回程度だと少ないかもしれない（喉が乾いてしまう）。ケージの通気性や床材の種類・量などによってペースは異なるので、日々観察しながら判断するようにしよう。

糞の除去であるが、これはピンセットや割り箸などを使って行う。基本的に糞をしたらその都度取り除くのが望ましい。面倒なので放置したくなるが、糞が溜まると悪臭の原因になるだけでなく、ダニなどの発生にも繋がる可能性がある。たくさん溜めてしまうと世話が面倒になってしまうので、こまめに取り除く。人工飼料を中心に飼育をしていると、糞は全体的にゆるめとなる傾向があり、べたっと付着する感じとなる。ピンセットなどで摘み出すことが難しいので、拭き取るかケージごと丸洗いをする形になるだろう。

いずれにしても回数や量はあくまでも目安であり、霧吹きなどは飼育環境や、もっと言えばその部屋の状況（エアコンを使うか使わないか）などによって微妙に異なってくる。日々少しずつ観察し、飼育する個体と使う道具の特性を早く掴んで、自分なりのメンテナンスのペースを見つけ出そう。

04 健康チェックなど

　トカゲモドキに限らず、飼育している生き物を毎日しっかりと観察していれば、もしも個体に異常（病気や怪我など）が出てしまった場合も早く気づけるだろうし、それによっておおごとになる前に対処できる可能性が高い。近年では爬虫類を診てくれる病院も増えたが、まだまだ数は少なく、病院ですらわからない症状は非常に多いため、病院に行かずに済むように予防・対処したいところである。

　ここで、トカゲモドキの飼育において聞くことの多い症例を挙げておく。

1. 脱皮不全
2. クル病
3. 下痢
4. 食欲不振

　1. 脱皮不全は、トカゲモドキに限らず爬虫類飼育において切っても切り離せない症状であり、悩まされる人も少なくないと思う。体の広い部分に、海苔がくっ付くように多少残っているような場合は放っておいても問題ないが、特に指先や尾の先などの末端部に巻き付くように古い皮が残っている場合は要注意。脱皮というのは、代謝をして古い角質層を捨てる、または成長に伴っての脱皮という意味合いがある（爬虫類の場合、成長と脱皮の関連性は薄いとされているが、無関係ではないと考えられる）。古い皮の下に新しい皮が作られるのだが、古い皮が巻き付くように残っている場合、新しい皮が古い皮に押し付けられて指を締め上げられているのと同じこととなる（輪ゴムで指をしばるようなイメージ）。そうなると、血流が悪くなって、最悪の場合、指先が壊死してしまう。「指欠け」という表記を目にすることもあるが、原因はそこにある場合も多い。指先がなくなっても死ぬことはないのだが、見ためも痛々しいしかわいそうなので、こまめな観察で未然に防ごう。

　乾燥状態が続いてしまうことが主要な原因なので、乾燥しやすい冬場などは霧吹きの回数を増やしたり、保湿できるシェルター（ウェットシェルターなど）を使うなどの対処をする。先の給餌の項でも触れたが、ビタミンB群の不足など体内の栄養バランスの問題である可能性もある。肌にかける脱皮促進剤なども時には有効だが、基本的なことを改善しないと毎回脱皮不全が続くことになってしまうので、脱皮不全を繰り返している場合は、飼育環境や餌・サプリメントなど根本的な部分の見直しをすると良いだろう。

　2. クル病も爬虫類全般、ひいては人間

にも起こり得る病気の1つであり、簡潔に言ってしまえば骨が脆く、弱くなってしまう病気である。特に幼体から育てた個体に発症することが多く、十分な知識がないまま飼育したり、店側が適切な説明をしないまま販売してしまうことが要因。カルシウムのサプリメントなどを使わずに幼体を育成した場合などにしばしば見られ、最初は四肢(特に関節)の動きがやや不自然になってくる。その時に発見し対処すれば(正しい飼育方法へと修正すれば)元に戻る可能性もあるが、さらに進行して全ての関節の動きが悪くなり、最後は顎の骨が脆くなって口が常に半開きの状態になってしまうと完全な回復はほぼ不可能である。正しい飼育方法をしている場合でもごく稀に発症してしまうこともあるが、基本的に適切な飼育を行なっているならば、あまり心配はないと言って良いだろう。

ちなみに、先述したとおり、ほとんどの場合、クル病は急に発症するものではなく(稀に例外はある)、ましてや数日のうちにクル病が原因で急死してしまうことなどまずあり得ない。「クル病で死亡した」という話をたまに聞くが、大半は誤診(別な要因)の場合が多い。クル病ならば日々観察をしていれば死亡するはるか前から何らかの症状が見られるだろうし、対処は可能だ。

ネットの情報などを信用する「自己判断」では治るものも治らなくなってしまう可能性があるので、経験の浅い人や自信のない人は、購入したお店や獣医師に相談しよう。

3. 下痢も勘違いされている人の多い症状だ。細菌などが原因の下痢も十分にあり得る。しかし、実はそうではないことが多く、簡単に言ってしまえば「食べすぎ」による下痢であることが多いのである。飼育者は飼育している生き物が下痢をすると、真っ先に病気などを疑う人が多い。それは悪いことではないのだが、人間も食べすぎた時にお腹が痛くなって下痢(消化不良などによるもの)を起こすことがあると思う。同じことが起きているだけの場合が多いのだ。トカゲモドキは大食漢の種類も多く、1度にたくさんの餌を食べてしまう。過食によって未消化になる場合もあるし、飼育温度が不足していると消化が不十分になってしまうこともある。普段よりゆるい糞をしていたら、給餌や飼育温度を再確認してみるのも良いだろう。それらを見直してもまだ下痢が続くようであれば、獣医師や購入先に相談するようにしたい。

4. 食欲不振(餌を食べないこと)は相談件数が多い症状である。下痢同様、病気などによる食欲不振も十分考えられるのだが、そうではないことも多い。特に季節に

よる寒暖差がある地域に生息している種類（ヒョウモントカゲモドキやニシアフリカトカゲモドキ・オバケトカゲモドキなど）で、成体となった個体は年間で何度か餌を食べなくなる時期が訪れる場合がある。多くの人は「拒食」と呼んでしまっているが、やや間違えた表現であり、言うなれば「習性（1年のルーティン）」である。次項の「Chapter4 トカゲモドキの繁殖」で触れる「休眠期」とも関係している可能性が高く、いくらエアコンやヒーターなどで一定の温度に保っているつもりでも、多少の温度変化や季節の変化を感じ取り、体内時計が働いて餌を食べることを一時中断してしまう。このモードに入ってしまったら、いくら餌を変えようが温度をいじろうが何も食べないことが多い。

　対処方法はというと、時間が解決してくれるのを待つだけということになる。心配になる人も多いと思うが、良好な栄養状態で飼育している成体のトカゲモドキなら、水だけ確実に与えていれば、仮に1～2カ月餌を食べなくても何ともない。種類によっては（ニシアフリカトカゲモドキやヒョウモントカゲモドキなど）さらにもう1～2カ月食べなくても特段の問題はないだろう。最もいけないことは、過剰に飼育温度を上げることと、強制給餌をするこ

と。過剰に温度を上げることは対処として合っているケースもあるのだが、休眠の場合で体が代謝したくない状態なのに、高温で無理に代謝を促してしまい、「餌を食べないのに体が代謝してしまう」という何とも中途半端で良くない状況に陥ることが多い。やるとするなら、少し温度を上げてみてしばらく様子を見て（餌を与えてみるなど）、駄目であれば通常の飼育温度よりも少し下げてしばらくクールダウンさせ、もう1度今までの温度に戻すという方法も良いだろう。これはちょっとしたクーリングのような意味合いがあり、冬（乾季）が来たと思わせ、それを経験させてから再び戻すことによって、活動時期が来たと錯覚させる方法だ。あまりに短期間（1週間など）だと体に負担が大きく意味もないので、1カ月単位で試して頂きたい。

　強制給餌もやってはいけない。体は元気だけど根本的に体が餌を受け付けていない（必要としていない）のに、無理やり餌を押し込まれたらどうか。あなた自身が、お腹が空いてないから夜ご飯いらないと言っているのに、無理やりお米を流し込まれたらどうか。強制給餌を受け付けない個体がその場で拒否してくれればまだいいが、飲み込んでしまって後で吐き戻してしまうことが多い。そうなると無駄に体力を消耗さ

せるだけなので、ヤモリにとってはいい迷惑なだけである。筆者の経験として、具合が悪いからと強制給餌をした爬虫類で復活を遂げた個体は、ほんの数%だと考えている。「強制給餌」というものを安易に給餌手段の1つとして考えている人もいるが、調子の悪い生き物や食欲のない生き物に対しては逆効果であることがほとんどだ。やむなく強制給餌を行う場面としては、まだ餌を食べていない幼体の生き物に餌を覚えさせる場合や、野生採集個体（WC個体）でなかなか頑固にコオロギなどを食べてくれない個体にやむなく餌を強制的に与える場合、偏食のヘビなど餌を思うように食べてくれない個体に体力付けのために与える場合、このくらいである。それ以外の場面での強制給餌はやめたほうが無難であり、どうしても心配ならばまずは獣医師やお店に相談してアドバイスを頂こう。

脱皮前のハイナントカゲモドキ

トカゲモドキの繁殖

—— breeding of Eublepharidae ——

繁殖させること…それは飼育の大きな楽しみの1つであり、
目標としている人も多いでしょう。
飼育技術の集大成とも言える"イベント"だと言えるからです。
近年は国内外問わず飼育者同士の情報交換が盛んになり、
昔に比べて繁殖例も多く聞かれるようになりました。
特にヒョウモントカゲモドキなどはその筆頭だと言えるでしょう。
しかし、同様の感覚で他のトカゲモドキの繁殖が可能かと言われれば、
答えはNoです。しっかり下準備をして臨みましょう。

01 繁殖させる前に

「トカゲモドキの繁殖」とひと口に言っても本属の構成種は多岐に渡り、好む環境も種類によって大きく異なる。繁殖の方法をひとまとめにして書くことは難しいので、ヒョウモントカゲモドキとニシアフリカトカゲモドキ以外の種で流通の多い2種ハイナントカゲモドキとオバケトカゲモドキ（イーラーム産）で話を進める。

近年は日本の爬虫類の飼育人口が確実に増えている。同時に飼育に関する情報も増え、ひと昔前までは一部の愛好家や園館施設などのやることであった爬虫類の繁殖を、一般飼育者が目指す例も多くなった。爬虫類に限らず、野生生物（野生個体）が全般的に減少している現在、愛好家が繁殖させた繁殖個体（CB個体）の出回る割合が増えることは良いことだと考える。しか

し、飼育を開始する前から繁殖を前提にする人もいるのだが、まずはその種類を最低でも1年間（春夏秋冬）しっかり飼育管理ができてから初めて繁殖の話を始めて頂きたい。成熟したペアが揃えば難なく繁殖できてしまう可能性もゼロではない。しかし、卵の管理や産卵後のケアなど、浅い経験（少ない引き出し）ではカバーしきれない部分も多く出てくると思う。また、繁殖と言っても1〜2回程度なら誰でもできるかもしれないが、それは「繁殖させた」というよりも「繁殖してくれた」といったところであろうか。先にも書いたように繁殖を目指すことは悪いことではなく、むしろ良いことだ。しかし、「飼育」を飛ばして「繁殖」を考えることはナンセンスだと言いたいのである。「繁殖＝飼育がうまくできたこと」、

パワンリントカゲモドキの幼体

累代繁殖についての考え

　近年は爬虫類・両生類飼育において、繁殖個体（CB個体）の流通が一般的になりつつある。特に野生採集個体（WC個体）が手に入りにくい種類では、CB個体が唯一の入手のチャンスだったりもする。今回紹介するトカゲモドキの多くはWC個体の流通が激減しており、否応なしにCB個体を選択することになる。手に入るだけありがたい話だが、そこから繁殖をさせるために、今持っている個体と別の血筋（血統）を入手したいという人も多いだろう。それは近親交配による奇形の発症や短命化を防ぐという意味で、考えかたとしては間違っていないだろう。しかし、過剰にそれを気にすることはナンセンスであると筆者は考える。

　理由はいくつかあるのだが、爬虫類や両生類は野生下においてあまり広範囲に移動する（移動できる）生き物ではないという点が大きい。特にトカゲモドキの仲間は巣穴のような棲み処を決めると、基本的にそこから遠くへ移動せず、餌を探す範囲も哺乳動物のように何kmも移動して探すようなことはまずしない。極端なことを言えば、泳げない生き物なので細い川1本あれば越えられない。そうなると行動範囲内で出会う可能性のある異性は限られてくることが推測できる。要するに、野生下でも知らず知らずに近親交配は起こっている可能性があると考えられる。これは他の小型の爬虫類や両生類にもあてはまるだろう。確実なデータを収集したわけではないのだが、強い言いかたをしてしまえば「爬虫類でそこまで同じ血筋で累代を重ねたことがある人がいますか？」という話になる。2世代目（子供）・3世代目（孫）レベルであれば話はよく聞くのだが、5世代目・6世代目まで試した例がはたして何例あるのだろう。ヒョウモントカゲモドキやニシアフリカトカゲモドキはそのうちの一例かもしれない。それらが奇形を乱発していたり、極度の短命化が起きているかと言えば今のところ感じない。モルフ（品種）も野生由来（野生の変異個体を固定したもの）のものも多く、辿ればまだ3〜4世代目だったりする。

　比較になるかは難しいところだが、熱帯魚の卵胎生魚（グッピーやプラティなど）は東南アジアで盛んに養殖され、何十年も日本に輸入されている。それらの原種はメキシコなどに生息し、爬虫類同様に野生個体の流通は非常に少ないため、養魚場に新規で新しい血筋を入れているとは考えづらい。それでも毎年何万匹と繁殖されて世界に輸出され続けている。奇形や短命化が起こっていれば何十年も商売になっていないだろう。

　明確なデータや例が出ていないため推測の部分が大きい点は申しわけないのだが、過剰に近親交配を心配しすぎることはせっかくの繁殖のチャンスを失ってしまうだけになる可能性がある。乱暴な言いかたかもしれないが、生まれた子供に異常が発生し続けてしまった時点で考えれば良いのではないだろうか（それを防ぐために親個体を多数確保しておくことはもちろん大切である）。筆者がアクア業界にいた時に言われた言葉だが「飼育年数が経つにつれて自身の飼育管理が雑になったことを累代のせいにしているだけ」という節はないか、今1度見直してみてほしい。

言わばご褒美という具合に謙虚に捉えて頂いたうえで、飼育、そして繁殖という流れでトライしてみてはいかがだろうか。

　なお、爬虫類の繁殖をさせるにあたり、繁殖させた個体をどうするかということだが、よく考えてから繁殖に取り組むべきだろう。定期的に不特定多数へ販売、もしくは譲渡をするようであれば、2023年8月現在、「第1種動物取扱業登録」という資格が必須となる。これを所持せずにイベントなどへ出展することは不可能であるし、個人売買やお店への継続した卸販売も違法となる（無償譲渡を含めて）。これを念頭に置き、計画的に繁殖を行うようにしよう。ただし、繁殖させるだけであれば資格などは不要なので、生まれた個体全てを自分で飼育するならば問題はない。

02 ハイナントカゲモドキの繁殖（雌雄判別から産卵まで）

雌雄判別

　5〜6カ月ほど経過した個体であれば、オスならほぼ確実に雌雄が判別できると思う。2〜3カ月ほどで判別できる場合もあるが、数を見慣れていなければ難しいと思うので、もう少し時間が経ってからのほうがより確実。他のトカゲモドキ同様、総排泄口の下（尾の付け根）付近に2つの膨らみ（クロアカルサックと呼ばれるヘミペニスが収納されている部分）が出てくればオスである。出てくる時期や出方（サイズ）には個体差があるので注意が必要だが、ある程度しっかりとした2つの膨らみが確認できればオスと判断して良いであろう。ハイナントカゲモドキの場合ははっきりと膨らみが確認できることが多い。ただし、大きさに個体差があるので心配な場合は、もう1つのオスの特徴である前肛孔という、腹側のちょうど後肢の間あたりに表れる特徴的な形の鱗群（カタカナの「へ」の字のような配列）の有無を判断基準にしても良いだろう。前肛孔に関しては巻末の「トカゲモドキの用語解説」を参照してほしい。上記2点を総合的に判断すればほぼ間違いないと言える。

　気をつけなければならないのはメスである。やや微妙な時期（3〜5カ月前後）に、少し見慣れた人が「膨らんでないからメス」だと断定してしまうのはやや不安が残る。膨らみの出るのが遅い、もしくは膨らみが小さいオスという可能性があるからだ。近年は餌をたくさん与える人が多く、飼育下では成長が野生よりも早い場合がある。その場合、体はそこそこ大きくなってもメスの特徴がまだ出ていないという状況が十分に考えられるのだ。判別に自信がないようであれば、もう少し時が進んでから判断することを推奨する。スマートフォンなどで総排泄口付近の写真を角度を変えて何枚か撮影し、購入したお店に見てもらうなどしてアドバイスをもらうのも良いであろう。

性成熟について

　大切なのは、大きさではなくあくまでも年齢である（極端に成長が遅い個体は問題があるが…）。近年は飼育技術の向上や餌の多様化などが理由で、育成速度の早い傾向がある。場合によっては6〜7カ月程度でも繁殖できてしまうのではないか？　と思ってしまう個体にもよく出会う（たしかにオスは繁殖可能かもしれない）。一方、メスの場合は、人間に例えるなら小学生高学年の女性で150cm以上あったとしても、はたして出産ができるのだろうかという話になる。そう、体だけ大きくても中身が伴

わないと、どうにもならないのである。ト
ライすることを止めはしないが、メスの場
合、産卵に伴う体への負担も大きい。産卵
を経験すると、体の成長が急激に鈍る可能
性がある。せっかく大切に育てた個体に無
理をさせて悪い結果になることだけは避け
たい。だいたいトータルで1年半〜2年く
らいで完全な成体になると思ってもらえた
ら良いので、オスで1年半ほど、メスで2
年ほど経過した個体なら繁殖には問題ない
と考えるが、不安であればもう1年ほど待
てば良いだろう。それでは遅いという人も
いるが、寿命として15年以上ある生き物
であるので、決して遅いとは考えない。周
りの人が飼育している個体と比べて大きい
小さいと比べる必要もないだろう。ハイナ
ントカゲモドキを含むゴニウロサウルス属
は高温飼育をしないこともあり、代謝も他
の種類に比べると遅い場合が多いので、特
にじっくり育成したい。

ペアリング（交配）

　ゴニウロサウルス属の場合、ペアで同居
させて飼育していれば勝手に交尾して産卵
…という場合も多々あるが、知らず知らず
のうちに温度や湿度が多少上下しているこ
とが見られる。基本的にはクーリングと呼
ばれる、休眠期間を与えないと発情しない
場合が多い。とはいえ、多くのゴニウロサ
ウルス属は温度変化の少ない地域に生息
し、好む場所（棲み処）は鍾乳洞などの洞
窟や大きな穴ぐらである。よって、他のト
カゲモドキの仲間に比べると大きな温度変
化は必要ないだろうし、夏場はやや低めの
温度を保たなければならないので温度差は
少なくなる。具体的には夏場の温度帯（25
〜28℃前後）から5〜8℃下げる程度（20
〜22℃前後）で問題ないだろう。この温
度帯で冬場に管理をすることがクーリング
にあたると考えてほしい（もう少し下げて

ハイナントカゲモドキ（メス）

も命に関わることはない)。秋頃から少しずつ温度を下げ、日本の気温が最も低くなる1月や2月頃に同じようにクーリングのピークを持ってくるとコントロールもしやすいだろう。湿度もやや低めに保つこともクーリングとして効果的。

　しっかりしたクーリングを行う種類に関してはクーリング中に餌を与えないことが多いが、ハイナントカゲモドキなどの場合はあまり温度差を与えないこともあり、餌をある程度食べることが多い。ただし、活性や代謝は下がるため、気温の低い状態でたくさん餌を与えてしまうと、消化しきれずに中途半端に消化された食べ物が体内で腐り、ガスが発生して体調を崩すことがある。様子を見ながら、やや小さめの餌を少しずつ(通常の半分以下ほど)与えるようにしよう。

　クーリング期間が終了し、元の温度に戻ったら、通常の給餌を再開する。慌てて大量の餌を与える必要はないので、ある程度しっかりと食べさせるという程度の気持ちで良い。しばらくすると脱皮するだろう(脱皮までの期間は個体による)。脱皮が終わった直後に雌雄を合わせるのが基本形で、これはクーリングを必要とする多くの生き物にあてはまる。その時にオスのやる気があれば、メスを見つけるとすぐにカクカク、ピクピクと変な動きをしたり、尾先を小刻みに震わせたりして近寄っていく。同時にメスが受け入れる状態になっていれ

ば、そのままオスが首根っこに噛みつき、メスが軽く尾を上げて交尾に至るであろう。交尾を確認したら雌雄を離して、2〜3日後、念のため交尾をさせる、いわゆる「追い掛け」と呼ばれることをする人も多い。これは交尾をより確実にすることであり、もし初回でしっかり受精が完了していたのなら、2回目はメスが受け入れない場合もある。もし、オスとメスを常に同居させているようであれば、飼育者側が特別することはない。なお、交尾に要する時間は短いので(数分あるかないか)、目撃できない場合も多い。

　メスがまだ未成熟だったり相性が合わないと、オスが迫ったりしたらすぐに逃げ出したり、場合によっては反撃をすることもある。ひとまず諦めて、お互いをクールダウンさせる意味でも別居させるか、あるいはそのまま様子を見る。オスがうんともすんとも言わない、もしくはメスが拒否をするようであれば、未成熟か成熟できない(繁殖できない)個体の可能性が高いので、別の親を導入するなどで仕切り直すと良い。

産卵

　交尾がしっかり行われれば、やがて裏側から見てメスの腹部に卵の影が見えてくると思う。交尾から4〜6週間程度で産卵に至ることが多い。この時期のメスにはしっかりと栄養とカルシウム分を摂らせ、質の良い卵を産んでもらう準備をしたい。卵は

基本的に2個産むが栄養状態などに左右される。初産や年齢を重ねた個体は1個の場合も多い。

産卵は地中に穴を掘って行われるため、卵を産み落とすための土壌（産卵床）は必須。キッチンペーパーなどで管理している場合は別途用意する必要があるし、何かしら床材を敷いている場合でもそれが産卵に不向きな場合（粗めのものなど）は、同じく別途用意したほうが良い。人によって使う産卵床はさまざまであるが、バーミキュライトや水苔・細かめのヤシガラなどで良い。これらを容器に入れるのだが、容器はトカゲモドキ本体がしっかりと入れるほどの大きさで、深さがある程度あるものが望ましい。意外と深く掘って産卵するし、深さが気に入らなかったりすれば産卵に至らないことも考えられる。だいたい5〜10cm程度あれば問題ないだろう（もう少し浅くてもかまわない）。床材にそのまま

産んでもらうなら、床材の厚さを多少厚くしておく。やや薄くても産卵したメスが床材をかき集めるようにして卵を隠してくれるので、彼らに任せれば良いだろう。

状態良く管理していると、早いペースで1カ月に1回程度で産卵に至る個体も多い。多い場合は1シーズンで3〜5回程度産卵をするので、卵を産んだからと言って安心せず、産んだ後にメスにしっかりと栄養をつけさせるように管理をしたい。特にメスの場合、カルシウム分が卵に取られて一気に不足するので、いつも以上にこまめに添加しよう。

ハイナントカモドキの卵

ハイナントカゲモドキの産卵

03 オバケトカゲモドキの繁殖（雌雄判別から産卵まで）

雌雄判別

雌雄判別と性成熟は、本種の繁殖において注意したいポイントだ。同属別種のヒョウモントカゲモドキなどは、早ければ生後2〜3カ月で雌雄判別が可能なことも多いのに対し、オバケトカゲモドキでは、5〜6カ月ほど経過した個体でも特徴が出ないことも多く、確実に判別するならば8〜10カ月ほど待つことをオススメする。特にメスの判別は他種同様で、膨らみが遅いオスという可能性が捨てきれない。より長い目で判断したほうが良いだろう。その他、判別の詳細はハイナントカゲモドキと同様である。

性成熟について

本種においても、大切なのは大きさではなく、"年齢"である。オバケトカゲモドキはどの産地の個体群でも性成熟にかなり時間がかかる。ヒョウモントカゲモドキは、やりかたによっては1年程度で繁殖が可能になることもあるが（特にオス）、オバケトカゲモドキは1年では99%不可能だろう。実際、オスで早くて2年前後（できれば3年）、メスであれば3年（できれば4年）は育成する必要がある。雌雄共に2年くらいでOKと言う人もいるが、卵は産むかも

しれないものの成熟度合いが足りず無精卵の確率が高かったり、体ができ上がっておらず母体に悪影響が大きかったりで、良いことはまずない。せっかく大切に育てた個体に無理をさせて悪い結果になってしまうくらいなら、もう1〜2年待てば良い。雌雄ともトータルで3〜4年くらいで完全な成体になり、性成熟すると思っていただければ良い。それでは遅いという人もいるが、他のトカゲモドキ同様、寿命が20年以上ある生き物であるので、じっくりとかまえて取り組もう。

ペアリング（交配）

オバケトカゲモドキの場合、クーリング期間を設けないと発情しない場合が多いが、極端に大きな温度変化は必要ない。"イーラーム"に関しては最も標高の高い場所に生息していることもあり、ハイナントカゲモドキ同様、夏場もやや低めの温度を保つため温度差は少なくなる。具体的には夏場の温度帯（25〜30℃前後）から5〜8℃下げる程度（20〜22℃前後での管理）で良い。この温度帯で冬場に管理をすることがクーリングにあたる。15℃程度まで温度を下げても特別問題はなく、発情が促されない場合、そのくらいの低温を与える必要があるかもしれないが、給餌方法などが

変わってくるので注意（後述）。秋頃から少しずつ温度を下げ、日本の気温が最も低くなる1月や2月頃に同じようにクーリングのピークを持ってくるとコントロールもしやすいだろう。また、湿度もやや低めに保つこともクーリングとして効果的だ。

　クーリング中の気温を20〜22℃程度にする場合は、少しずつ餌を与えるようにする。ただし、ハイナントカゲモドキと同じく活性や代謝は下がるため、様子を見ながらやや小さめの餌を少しずつ与える（注意点はハイナントカゲモドキと同様）。それよりも気温を下げるようであれば、特に低温のピーク時は給餌を止めることも視野に入れておこう。

　クーリング期間を終了するのは、外気温が上昇する3〜4月に合わせれば良い。徐々に元の飼育温度に戻して通常の給餌を再開する。脱皮の確認後、4〜5月頃にオスとメスを同じケージに入れて様子を見る（基本的にはメスのいるケージにオスを入れるのが一般的）。その他、方法や注意点は基本的にハイナントカゲモドキと同様である。

産卵

　大型種で性成熟には時間がかかるが、産卵の周期などはハイナントカゲモドキと共通する部分も多い。確実な交尾後、合計4〜6週間程度で産卵に至ることが多い。この時期のメスにはしっかりと栄養とカルシウム分を摂らせて、質の良い卵を産んでも

らう準備をさせるのだが、特に大型種であるオバケトカゲモドキは栄養状態に左右されやすい。食べさせすぎて吐き戻しをしてしまっては元も子もない。産卵前後は給餌量をやや増やすなどして栄養を摂らせよう。卵は基本的に2個産むが、栄養状態などで左右される。初産や年齢を重ねた個体は1個の場合が多い。

　産卵をさせるための産卵床のセッティングに関してもハイナントカゲモドキと同様だ。ただ、大型種であるため、別途産卵床を用意するようならば、体が全部入れるほどのケースを飼育ケージの中に入れなければならず、難しいこともあるだろう。その場合は「産卵用のケージ」を用意してしまうのが最も手っ取り早いかもしれない。産卵床と飼育床材と共通となる素材（ヤシガラや細かめの赤玉土など）を床材に使用し、シェルターを入れただけのシンプルなセッティングにし、産卵するまでの間の「仮住まいと産卵床を兼ねたもの」という考えかたである。飼育ケージの床材にそのまま産んでもらうなら、ハイナントカゲモドキ同様、床材の厚さを厚めにしておく。状態良く管理されている場合、早いペースだと3〜4週間程度で次の産卵に至る個体もいる。1シーズンで平均2〜3回産卵をするので、卵を産んだからといって安心せず、産んだ後にメスにしっかりと栄養を摂らせるように管理しよう。

04 繁殖にあたっての共通項

卵の管理

　いずれの場合も産卵が確認されたら、そっと掘り起こして卵を取り出して別の場所で管理する。稀にそのまま放置して管理する人もいるが、そのまま孵化したとして、よほど注意深く見て幼体を発見しすぐに取り出さないと幼体は親に食べられる可能性が高い。卵は取り出して管理したほうが無難である。

　掘り起こした卵は何かに埋めるような形で孵卵することが一般的だが、使用する孵卵材は、そこそこ保水力のあるもので自身が使いやすいものを自由に選べば良い。産卵床に使ったヤシガラをそのまま使用する人もいれば、バーミキュライトや水苔で管

卵の比較。下がオバケヒョウモトカゲモドキ、上がヒョウモントカゲモドキ

理する人・孵化専用の床材を用いる人・近年流行している孵化用卵トレーで管理する人などさまざま。筆者はどの生き物でも水苔を使って孵化させるが、その理由として、湿っている時と乾いている時の差が見ためでわかりやすい点がある。ただ、これも「水苔が最適」というわけではないので、各自でいろいろ試してほしい。

　取り出した卵は上下を反転させないよう（水平方向の回転は問題ない）、できるかぎり産み落とされた向きで孵卵材に半分埋めて保管する（多少の角度のずれはかまわない）。万が一転がってしまっても上下がわかるように、油性マジックなどで上部に印をしておくのも良い。

　最も重要なポイントは、孵卵材の水分と温度である。ただし、繁殖経験の浅い人は深く考えすぎて失敗することが多いので、シンプルに考える。まず水分であるが、「卵＝保湿」というイメージが強いようで、乾燥を怖がるあまり水分が多すぎる場合が非常に多く見られる。たとえば水苔を使用する場合、1度水に浸して水分を含ませてから、ややきつめにしっかり絞った程度の水分量にする。触ってみて「あ〜、たしかに少し湿ってますね」という程度だ。要は触った瞬間、もしくは見た瞬間で濡れているとわかるなら水が多すぎるし、孵卵容器（特

に上蓋）にたくさん水滴が付いている状態もNG。野生下を想像してみてほしい。雨上がりではない時に公園や野山の土の部分を10cmほど掘ってみて、いつもびちゃびちゃしているか？　と聞かれれば、Noだと思う。どのような地域でも表面は乾いていて、下に行けば少し土がしっとりしている程度だと思う。そのイメージの水分量を孵化まで保つように管理し、孵化まであと1〜2週間という時点になったらやや乾いてしまっても良いと考える（むしろ多少乾き気味になったほうが良いとも考えているが断言できないので明言は避けておく）。

　次に温度であるが、これは水分以上に誤解している人が多い。日本人はニワトリ（鳥）のイメージが強いためなのかわからないが、「卵＝温める」と捉えてしまう人を多く見受ける。結論から言ってしまえば「温める」必要はない。要はそれぞれの飼育温度（産卵した場所の温度）をそのまま保てばOKである。お母さんトカゲモドキが「ここなら卵を産んでも大丈夫」と思って産んだ環境（温度）をそのまま保つ、それだけである。産卵時の飼育温度は種類、そして各個人によって異なるはずだが、だいたいハイナントカゲモドキで22〜27℃前後、オバケカゲモドキで25〜30℃前後だと思うので、卵もそのくらいの温度帯で管理する。エアコンで温度管理しているのなら、卵を入れた容器を飼育ケージの近くの安全地帯（間違えて容器をひっくり返

したりしないような場所）に置いておけば良い。そうでない場合も、飼育ケージと同じ状況（気温）が作れるように保温（保冷）すれば良いのだ。孵卵器などを利用することも方法の1つであるが、意図を理解せずにわざわざ孵卵器や冷温庫に入れて卵を飼育温度以上に加温しようとして失敗する例が目立つ。「温める」のではなく「親が産卵した場所の温度から変化があまりないように管理する」という意識で孵卵してほしい。

孵化温度と性別の関係

　爬虫類は、卵が孵化をする時の気温によって雌雄が決定する温度性決定＝TSD（Temperature-dependent Sex Determination）を持つ種類が多い。トカゲモドキ全般も例外ではなく、温度性決定は存在している。その温度帯と法則はどのようになっているのかということだが、種類によって異なる。今回紹介している2種に関して、筆者は確実な温度帯を把握していない（データを得ていない）のだが、大まかな傾向と例を記載しておく。

　ハイナントカゲモドキだが、傾向としては「高温下で孵化した個体はオス、低温下で孵化した個体はメス」という傾向が見られる。正確な温度は不明だが、26〜28℃前後で孵化している個体はたいていオスであることが多い。逆に、22〜24℃前後で孵化している個体はメスが多く混ざってい

アシナガトカゲモドキの国内CB

キャットゲッコーの国内CB

ることが多いと言える。故に、一般的な飼育温度を考えるとオスが出やすい傾向にあると言え、実際に流通する個体も、幼体を育てるとオスが多いことに気がつく。メスを望むようであれば、孵化の日数は余計にかかるが（90日の例もある）、低温での管理を推奨する。

　一方、オバケトカゲモドキだが、こちらはヒョウモントカゲモドキ同様、高温下もしくは低温下ではメスの出現率が高くなり、その中間がオスという傾向が見られる。その正確な温度は不明だが、29〜30℃（プラスマイナス1℃前後か）でオスとメスが半々の比率が見られたというデータがある。そうなると、28℃以下もしくは31℃以上はメスの出現率が上がると考えられる。たしかに以前、低めの温度帯で孵化させていた繁殖者の個体は多くがメスであった。ただ、30〜31℃前後ではオスが多く出現したデータもあるため、このあたりはまだ不詳と言える。いずれにしても本来、過剰な高温環境を好まない種類であるた

め、卵は必要以上の高温管理を避けたほうが無難だろう。

　以上が現在わかっている傾向（あくまでも一例）である。常にほぼ一定の温度に保てることが条件で、温度変化があるとこの限りではない。逆に、多少の温度変化があっては孵化しないかと言えばそうではない。よほど繁殖に力を入れたい人ならともかく、普通に繁殖を楽しみたいという人の場合は、これらの温度設定はさほど深く考えずに、まず孵化をさせることを優先し、保ちやすい温度を選んでほしい。先にも述べたが、高温下での孵化はどの種類の場合においても推奨しない。高温下では早く孵化をするため卵を高温管理する飼育者が増えている。しかし、卵黄（ヨークサック）をしっかり吸収せずに孵化してしまったり、理由は不明だが早死にする個体が多かったりする傾向もある。生息地の気温と照らし合わせ、"常識的"な温度で管理をするよう心がけたい。

インドートカゲモドキの国内CB

インドートカゲモドキの国内CB

幼体の管理と餌付け

卵の管理温度にもよるが、ハイナントカゲモドキとオバケカゲモドキ、どちらもだいたい2カ月前後（50〜65日前後）で孵化に至る。やや低めで卵を管理していたり、昼夜で若干気温差がある状態で管理している場合はさらに数日かかる場合もあるので、2カ月を過ぎても孵化しないからといって駄目だと決めつけるのは早計だろう。ハイナントカゲモドキは低温で管理することが想定される。卵によほどの異常（大きく凹んだり全体が激しくカビたり）が見られなければ、ダメ元でしばらくキープしておこう。

幼体は孵化後1〜2日中に脱皮を行うため、その時に乾燥しすぎないように注意する（ここでも過剰に濡らしすぎることは良くない）。最初の脱皮が終わって1〜2日後から餌を食べ出すので、孵化後3〜4日程度は餌を与えなくて良い。心配してコオロギなどを入れてしまう例も見受けられる

が、単にストレスを与えるだけなので不要である。ここからいよいよ給餌の開始となるが、筆者の場合、コオロギを使用した餌付けしか経験したことがないので、人工飼料を使用した場合などは割愛する。いきなりピンセットから、何の細工もなしに目の前に差し出すだけで食べてくれることはほぼないだろう。試してみて、食いつかないようであれば、ケージ内に後脚（長い脚）を取ったコオロギを放し、反応するかどうか様子を見る。今回紹介の2種は野生の血が強い場合が多いため、ここですんなり食べる場合も多いが、食べない場合はまずコオロギが食べ物だと知ってもらう必要がある。よく使う方法としては、コオロギの頭（胴体の少し上あたりから）をちぎって体液を出し、それを口の周りに擦り付けて味を覚えさせるというものだ。汁の付いた個体はそれを拭き取るように舌をぺろぺろとする。ここでしつこいくらいコオロギをくっ付けると、味が気に入った（受け入れた）個体はそのまま本体へかぶりついて食

べてくれる。味がすぐに気に入らなくても、何日かそれを繰り返すことで食べるようになる個体が多いので、根気よく続けたい。ただ、頑固にずっと食べない個体もおり、あまりやりすぎてもストレスを与える可能性もあるので、ある程度のところで見切りをつけ、日を改めてトライしよう。

リボトカゲモドキの国内CB

column

CITES（ワシントン条約）について

　ワシントン条約、ペット市場ではしばしばCITES（サイテス）とも表記される。Convention on International Trade in Endangered Species of Wild Fauna and Floraの頭文字からの略称である。絶滅のおそれのある野生動植物を各国で個体数を管理することが主な目的で、各国間で移動される個体数をお互いに把握し合うことで過剰な流通を防ぐことができる。全ての国が条約に加盟しているわけではないが、日本を含め182カ国とEU（欧州連合）と多くの国々が加盟しており、大きく以下の3段階に分けられる。

ワシントン条約附属書Ⅰ類

　基本的に商業取引は全て禁止。輸出国側で当局（政府）から正式に許可を受けた繁殖施設を持ち、輸入国側と協議をしてお互いに認められた場合、そこで登録された種類のみ国際間取引ができる（公的機関などの研究目的の輸入などは例外として認められる場合が多い）。爬虫類においては2023年現在、爬虫類ではホウシャガメ（*Astrochelys radiata*）がこの例である。トカゲモドキの仲間には2023年現在、該当種はいない。

ワシントン条約附属書Ⅱ類

　Ⅰ類ほどの制限はなく、決められた手続きを踏んでいれば商業取引も問題ない。輸出国政府がその生き物の輸出許可を出し、輸入国側政府がそれを確認して輸入を認めて輸入許可書が発行された場合のみ国際間取引ができる。勘違いされやすいが、Ⅱ類だからといって全ての種類に無制限に輸出許可が下りるわけではない。年間の輸出枠（輸出可能数）が設けられていたり、全く許可が下りない種類も多く存在する。また、輸出国側からは許可が出ても輸入国側で認められない例も存在する。2023年現在ト

カゲモドキの仲間においては、ゴニウロサウルス属のうち日本原産の種類を除く全ての種類がこの附属書Ⅱ類に該当する（日本原産種は全てCITESⅢ類に該当）。

ワシントン条約附属書Ⅲ類

　Ⅱ類よりも制限は緩く、同様に決められた手続きを踏んでいれば商業取引が可能。手続きはやや異なり、Ⅱ類の場合は輸入する国側の許可（輸入許可）も必要となるが、Ⅲ類の場合で必要なのは輸出国の政府の許可のみ。ただし、輸出国となる国が原産の生き物以外がその手続きとなり、もし輸出国が原産の生き物の場合はⅡ類の生き物と同じ手続きが必要となる。

　ワシントン条約と聞くと「密輸」などというマイナスイメージに直結してしまう人も多いかもしれない。しかし、ワシントン条約に掲げられている生き物でも、正規の手続きを経て合法に輸入され、Ⅰ類の場合は必要な書類が添付された動植物であれば販売することができ、飼育することも問題ない。ホームセンターでも販売されている一般的なリクガメの仲間や、もっと言えば植物のランの仲間（ラン科）も全種がワシントン条約附属書Ⅱ類かそれ以上に該当しており、ワシントン条約の動植物の販売はさほど珍しいケースではない。今回のトカゲモドキの仲間においては、ハイナントカゲモドキやゴマバラトカゲモドキなどゴニウロサウルス属全種が附属書Ⅱ類（日本原産の種類はⅢ類）にあたる（2019年11月26日から施行）。Ⅱ類だから商業目的での輸入・販売はできるが、大きな問題が1つある。2023年現在、原産国（中国とベトナム）からWC個体の輸出許可は下りていない。これは2019年にⅡ類となった理由が、原産国がワシントン条約附属書Ⅱ類に入れることを提案したことが大きい。保全目的で提案をしたのに、そう簡単に輸出の許可は出すとは考えにくい。よって、今後もWC個体の流通は望めない。EU圏からのCB個体は種類によって少しずつ輸出許可が出始めているため、今後も国内外のCB個体のみの流通となる可能性は高いだろう。もし、今後それらの種類がワシントン条約附属書Ⅰ類に昇格してしまった場合は、海外からの商業目的の輸入は完全に不可となるため、国内での繁殖個体を入手するしかなくなる。いずれにしても、ワシントン条約やその手続きの仕組みを理解していない人間や、ショップがインターネット上などで間違った情報を書いている場面を多々見かけるので、しっかりと情報の取捨選択をしよう。

世界のトカゲモドキ図鑑

—picture book of Eublepharidae—

キャットゲッコー（オマキトカゲモドキ）

Aeluroscalabotes felinus

分布	マレーシア（キャメロンハイランド周辺やボルネオ島マレーシア領など）・インドネシア（ボルネオ島インドネシア領やスマトラ島など）・タイ南部・カンボジアなど
全長	15〜18cm前後

マレーキャットゲッコー

　古くからペット流通が見られるトカゲモドキの仲間であるが、本種のみで1属とされるほど特異な容姿と行動形態を持つ。近年ではトカゲモドキ亜科に含めず、本種を独立したオマキトカゲモドキ亜科（Aeluroscalabotinae）とするという声も出てきているほどである。ひと昔前までは1属1種とされていたが、近年はマレー半島を中心とする大陸部に分布する個体群が基亜種（*Aeluroscalabotes f. felinus*）、ボルネオ島に生息している個体群が亜種（*A. f. multituberculatus*）とされた。生息地から前者がマレーキャットゲッコー、後者がボルネオキャットゲッコーと呼ばれる

ことが多い。両者では容姿が異なり、マレーキャットゲッコーは全体的に茶褐色ベースで、背中や側面に不規則な網目のような模様が入る個体が多い。下地にオレンジ色や深緑色が差す個体も見られ、個体差は大きい。虹彩の色が濃い茶褐色のため黒目に見え、愛らしさが増す点も人気の要因かもしれない（白銀色の個体群も一部に存在する）。一方、ボルネオキャットゲッコーはマレーキャットゲッコーよりもやや濃いめの茶褐色がベースとなる個体が多く、不規則な模様は入らない個体が多い。代わりに、背中の中央と後頭部から尾の付け根に向かって白色の線が入る個体が目立

マレーキャットゲッコー

つ（途中で途切れる個体もある）。これはマレーキャットゲッコーには見られない特徴である。尾には明確な節目が見られる点も特徴の1つ。虹彩は深緑色、もしくはやや黄色みがかった色合い。見分けはやや難しいかもしれないが、実物を見比べれば差異は思いのほか顕著である。

　マレーキャットゲッコーは20年以上前からペット流通が見られていたが、当時は輸送環境が悪く、飼育を開始してもすぐに死んでしまう個体が多かった。故に本種は飼育困難種というレッテルを貼られてしまった感があるが、近年はマレーシアの発展や物価の上昇と共に価格こそ上がった

ものの輸送状態も大幅に改善され、到着する状態も格段に良くなった。長期飼育例も多く聞かれるようになり、国内での繁殖例も続々と報告されている。

　亜種間においてやや好む環境に違いがあり、マレーキャットゲッコーは主たる生息地がキャメロンハイランドという高地、またはそれに準ずる標高が高い場所であるため、高温と蒸れに弱い。過去の文献などでは多湿が必須だという情報が出てしまっているが、多湿に重きを置きすぎると、蒸れにより状態を悪くさせてしまうので、通気性の良いケージを使用し、霧吹きなどで調整したい。一方、ボ

ボルネオキャットゲッコー

ルネオキャットゲッコーはわれわれがイメージするインドネシアのボルネオ島の環境（高温多湿）ではなく、やや涼しく風通しの良い環境を好む。ただし、基亜種ほどではないので、過剰に低温にしないよう調整しよう。

忍び足で動き、時には尾を振り上げて背を丸めて威嚇したりする姿は、まさしく猫のようだと感じるだろう。ほぼ完全な夜行性で、飼育していると日中はシェルターや土中内から出てくることはほぼないが、暗くなると表に出てきてハンティングを開始する。完全な樹上棲種ではないものの、小高い位置から下を覗くように獲物を探す習性がある

ので、飼育時に再現するようにしたいところだ。気に入ったハンティングポイントがあれば、夜間、捕食シーンなどを観察できることだろう。動き・行動パターン・容姿…全てにおいて観察することがおもしろいトカゲモドキだと言える。

なお、オマキトカゲモドキという和名を持つが、オマキトカゲ（*Corucia zebrata*）というトカゲも存在するため、混乱を避ける意味でも使われることは少なく、今後もキャットゲッコーと呼ぶほうが無難であろう。

ボルネオキャットゲッコー

ボルネオキャットゲッコー

チワワトカゲモドキ（テキサストカゲモドキ）

Coleonyx brevis

分布	アメリカ合衆国（テキサス州西部・ニューメキシコ州南東部）・メキシコ北部
全長	8〜9cm前後

　チワワという名が付いていて小型種ということで小型犬のチワワが由来と思われる人も多いかもしれないが、本種の名のチワワは生息地の1つであるメキシコ北部のチワワ州が由来である（犬のチワワ由来という説もあるが、定かではない）。英名ではTexas Banded Gecko（テキサスバンデッドゲッコー）と呼ばれ、こちらの名前から取って「テキサストカゲモドキ」と呼ばれる場合もある。種小名である*brevis*とは「短い」という意味があるが、それが意味するようにコレオニクス属の中で最小種であり、最大でも10cmを超えることはほぼない。幼体期は黒色とやや黄色みの強い乳白色のくっきりしたバンド模様を持つ。成長と共に変化し、亜成体以降は乳白色の地色に紫がかった帯模様が入り、さらに黒色の斑点が体全体に散りばめられる。このような成長に伴う変化はその他の本属（*Coleonyx*）にも見られるほか、その他のトカゲモドキの仲間の多くも同様。

　いずれの生息地でもやや乾燥した荒れ地の岩の隙間などに身を隠しながら生息しており、夜間にひっそりと出てきて小さな昆虫や節足動物などを捕食する。生息地における個体数は多いとされているが、多くの生息地において保護対象となりつつあるため、以前はWC個体が流通の主流だったが、近年ではその数は激減している。代わりに、CB化は進んでいると言え、EU・USA、そして、国内繁殖個体がある程度安定して流通している。しかし、ブリーダーが多いとは言えないので、安心できるほどではないだろう。

チワワトカゲモドキ（テキサストカゲモドキ）のオス

幼体

若い個体

サバクトカゲモドキ（バリエガータトカゲモドキ）

Coleonyx variegatus

分布	アメリカ合衆国（カリフォルニア州南部・アリゾナ州中部〜南部・ニューメキシコ州南西部・ユタ州・ネバダ州）・メキシコ（バハカリフォルニア州北西部・ソノラ州・シナロア州）※亜種により異なる
全長	10〜14cm前後

サバクトカゲモドキ（バリエガータトカゲモドキ）

　先述のチワワトカゲモドキと共に北米からメキシコ北部を代表するアメリカトカゲモドキの仲間。基亜種であるColeonyx v. variegatus（サバクトカゲモドキ）のほか、C. v. abbotti（サンディエゴトカゲモドキ）とC. v. sonoriensis（ソノラトカゲモドキ）を含む3つの亜種に分けられるとされている。現在でも5亜種とする説や6亜種とする説もあるが、ここでは3亜種とした。なお、主に流通するのは90%以上が基亜種。

　本種は国内で呼ばれる名前がややこしく、バンドトカゲモドキやサバクトカゲモドキ・セイブトカゲモドキ・オビトカゲモドキなど、さまざまな呼び名が付けられている。

チワワトカゲモドキの英名であるテキサストカゲモドキも本種の呼び名としてしまっている人もおり、混乱が激しい。筆者としては学名をそのまま日本語読みした「バリエガータトカゲモドキ」と呼ぶことが、間違いも少なく混乱もないと思うのだが…。

　チワワトカゲモドキに比べるとひと回り大型で全体的に長いが、細さは共通のためにょろにょろとした印象である。体の配色はチワワトカゲモドキに似ているものの、成体時に現れる黒色の斑点はいずれの亜種もあまり目立たない個体が多い（色も薄め）。種小名のvariegatusは「斑点模様の」という意味だが、やや消化不良な印象を受ける。

基亜種

リューシスティック

本種も北米大陸南部からメキシコ北部の乾燥した荒れ地に生息しているが、飼育に関してはチワワトカゲモドキよりもやや気難しい面を持つ印象であり、乾燥させすぎた状態が続くと調子を崩したり、餌食いが悪くなることが多い。小型種とはいえ、ややゆとりのあるケージを用意し、さまざまな条件の場所を作り出すようにしたい。

ひと昔前まではWC個体が流通の主流であったが、近年では亜種分けされたCB個体が流通したり、リューシスティック（白変個体）の流通が見られたりと、注目度が高まりつつあると言えるだろう。WC個体もわずかながら流通するが痩せている個体が多く、その場合は立ち上げが非

サバクトカゲモドキ（バリエガータトカゲモドキ）

サバクトカゲモドキ（バリエガータトカゲモドキ）の幼体

サヤツメトカゲモドキ（ユカタントカゲモドキ）

Coleonyx elegans

分布	メキシコ（ベラクルス州およびオアハカ州から南）・グアテマラ北部
全長	12〜15cm前後

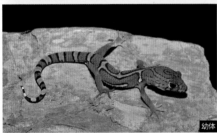
幼体

亜成体

　先のコレオニクス属2種と比べると大きくてがっちりとした印象のある中型種。種小名の*elegans*は日本でも馴染みのあるエレガント（優雅や上品）という言葉と同義であり、特に本種の幼体期の赤みがかった地に不規則なバンド模様の入る姿を主に指していると考えられる。成体となっても美しさは健在で、他種にはない個体ごとの不規則な柄（縦縞個体と横縞個体など）は、別種と思ってしまうほどの違いが見られる場合もある。古くから存在は知られていたが、2000年代中盤ほどまでは流通が非常に少なく、入手困難種という存在でもあった。2010年以降はEU圏での繁殖個体が多く出回るようになり、赤みを帯びた幼体を中心に定番種といった扱いになりつつあった。ここ数年は原因不明であるがその数が減り、再び入手がやや難しくなっていると

言える（生活費高騰によるEU圏の小規模ブリーダーの減少が原因とも言われている）。

　本種と後述のボウシトカゲモドキは中米の熱帯雨林に生息し、先述の2種（北米大陸の種）とは好む環境が大きく異なる。流通の主流である幼体期は特に過度な乾燥と低温に弱いので、「Chapter2 トカゲモドキ飼育のセッティング」を参照されたい。完全な夜行性で、日中は倒木の下や落ち葉の下で休み、夜間に餌を求めて活動する。その際、木の低い場所まで登ることもあったり、小高い岩の上から見下ろすなどの行動も見られる。これは餌を探す行動であると考えられるため、ケージ内に余裕があるなら、多少立体感を出してあげるとよりおもしろい行動が見られるのと同時に、個体にも好影響を与えるかもしれない。

ボウシトカゲモドキ

Coleonyx mitratus

分布	コスタリカ・ニカラグア・ホンジュラス・エルサルバドル・グアテマラ
全長	15〜18cm前後

今回紹介する4種のコレオニクス属で、近年では最も流通量が多く、属中の代表的存在。2023年現在、ニカラグア原産の個体がほぼ100%であり、WC個体が安定して流通している。一方、WC個体が安価で出回っているからであろうか、同属他種のようなCB個体はあまり見かけない。

和名のボウシはそのまま「帽子」であり、学名の*mitratus*が「鉢巻き」という意味があることから、その名が付いたと考えられる。これは後頭部にぐるりと回る乳白色のバンド模様が、鉢巻を巻いた姿もしくはそれを境にして頭部に帽子をかぶった姿に見える点を表したのだろう。幼体期はさらに顕著で、サヤツメトカゲモドキ同様やや赤みがかった体色をしており、体の網目模様も成体に比べて少ないうえ、乳白色のバンド模様が目立つため、"鉢巻きの部分"もわかりやすいだろう。

本種もサヤツメトカゲモドキ同様、中米の熱帯雨林に生息し、過度な低温と乾燥には弱い。安価で出回るため下調べをせず購入し、トカゲモドキという名前が付いているからとヒョウモントカゲモドキ（*Eublepharis macularius*）などと同様の飼育環境、飼育スタイルで飼育してしまう人も多いので注意が必要。本種は流通のほとんどがWC個体であるため、輸入当初は神経質な個体も多い。隠れ家を多く用いるなど落ち着ける環境（レイアウト）を用意するなど、まずは適切な環境を用意してじっくりと飼育を開始したい。

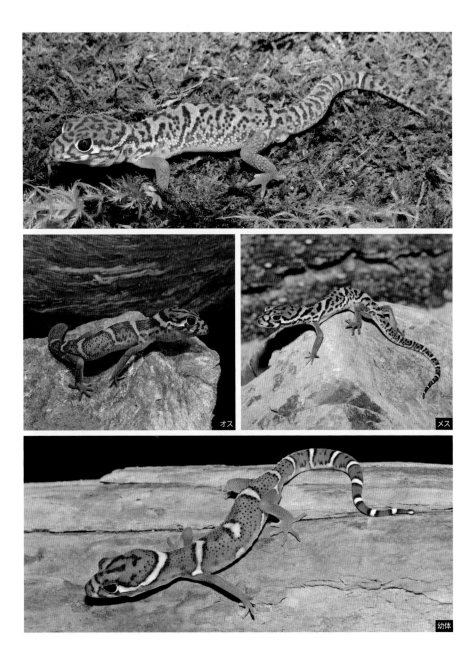

オス

メス

幼体

ヒョウモントカゲモドキ（レオパードゲッコー）

Eublepharis macularius

分布	パキスタン・アフガニスタン・インド北西部・イラン東部
全長	22〜25cm前後　※野生種での数値。品種により30cmを超える

マキュラリウス

マキュラリウス

　トカゲモドキを代表する種、いや、ペット流通において
は全ての爬虫類を代表する種と言っても過言ではない。
1960年頃から欧米を中心に本種を飼育する文化が始まった
とされており、日本では1990年代中盤頃から飼育が盛んに
なり、1990年後半頃からさまざまな品種が主にアメリカか
ら輸入された。それらを使った繁殖も少しずつ行われ、
2000年代後半以降、国内での飼育・繁殖例が欧米にも引け
を取らないほどになった。2023年現在、主に野生種ではな
く作出された品種の流通が主流となっているが、野生種は
もちろん存在する。2000年代後半までは主にパキスタンか
らのWC個体が多く流通していたものの、内紛や輸出規制
などによりペットとしての流通はほぼストップしてしまっ
た。近年では最新品種はもちろん、原種やワイルドタイプ
（野生個体の血統）にも注目が集まっている。

　本種は*Eublepharis m. macularius*（マキュラリウス）・*E. m. afghanicus*（アフガニクス）・*E. m. fasciolatus*（ファスキオラータス）・*E. m. montanus*（モンタヌス）・そして、*E. m. smithi*（スミス）の5つの亜種に分かれているが、それぞれの差異は
微妙で、外見での区別は困難。ただし、アフガニクスの外
見は印象的で、その他の亜種に見られる背中に入る暗色の
バンドはほぼ見られない個体が多く、黒色の斑紋は点では
なくやや繋がって細長い線状になっている個体が目立ち、
独特な雰囲気がある。サイズも他の亜種よりも1〜2回り小
さく、25cmを超える個体を過去に見たことがない（平均
20cm前後で成体と言えるだろう）。この大きな差異を持つ
アフガニクスは、近年では独立種とする説も出ているほど。
他の亜種においては判別が困難という点からも交雑が心配
されるので、信頼のおけるルートで入手し、飼育下でも確

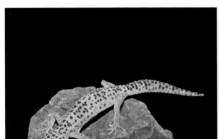

アフガニクス　WC個体

アフガニクス

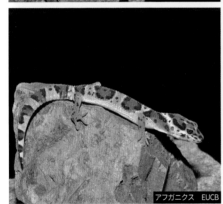

アフガニクス　EUCB

アフガニクス　アメリカCB

実にラベリング（表記）を行うようにしたい。スミス亜種に関しては原産がインドということもあり、ペット市場における流通はなく、実態も未だに謎が多い。

　生き物としては非常に丈夫で繁殖も容易ということで、近年、ペット化が進み飼育者が増えたが、一部の体型はお世辞にも褒められたものではない。先に述べた野生種（WC個体）を見るとわかるが、過度に尾が太い個体は皆無である。本来、成体の尾としては、平均的な成人男性の小指程度の太さがあれば十分だろう。たっぷり栄養を蓄えた尾（体型）は見ためにも愛らしいが、「肥満」とも言える。野生下での姿・体型を頭に置きつつ、健康的な飼育を心がけてほしい。

ノーマルの幼体　国内CB

ファスキオラータス　若い個体

ファスキオラータスのオス

ファスキオラータス

モンタヌス

エクリプス

ストライプ

ジャングル

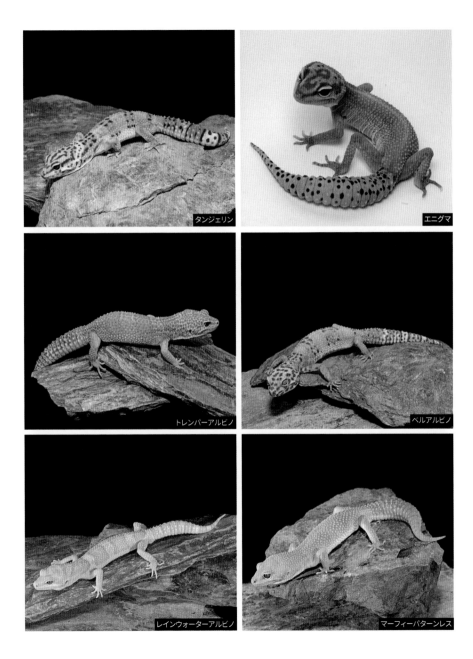

タンジェリン

エニグマ

トレンパーアルビノ

ベルアルビノ

レインウォーターアルビノ

マーフィーパターンレス

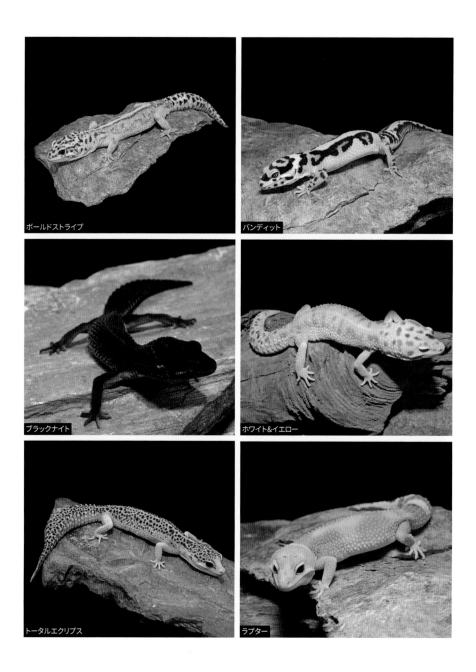

ボールドストライプ

バンディット

ブラックナイト

ホワイト&イエロー

トータルエクリプス

ラプター

オバケトカゲモドキ

Eublepharis angramainyu

分布	イラン西部・イラク北部〜東部・シリア東部など
全長	25〜33cm前後

　初流通時は、本属最大という全長と共に、「オバケ」という名のインパクトが絶大であった。2000年代中盤頃から海外で繁殖された個体が輸入されるようになったが、当時見た個体は大型で、印象は「頭部が握り拳ほどある巨大なトカゲモドキ」であった。種小名の*angramainyu*は「闇の精霊（Angra Mainyu）」に由来しており、和名の「オバケ」は本種の最大サイズが化け物のようだという意味合いと、この種小名の由来から来ているとも言われている。ぱっと見た印象は大きなヒョウモントカゲモドキであるが、よく見ると体型が異なる。本種は亜種こそ知られていないが産地によって若干差異があり、いずれも標高の高い山岳部が主な生息地ということで、環境に適応するためか、四肢が長く、手のひらは大きいという"クライミング"に適した

形となっている。頭部は大きく発達し、成熟したオス個体の頭部は怖さすら覚えるほどの大きさになる場合もある。

　先に述べたとおり本種には亜種は存在しないが、流通している本種は大きく4つの産地で分けられ、各々の特徴が出ていると言える。全てイラン産であり、イーラム（イーラーム）州産・ケルマンシャー（ケルマーンシャー）州産・フゼスタン（フーゼスターン）州産・ファールス州産に分けられる（発音はさまざまであるが、会話中で通じれば問題ないので正解・不正解はない）。ブリーダーによってはさらにその中で細かい産地を明記・伝達する場合もあり、有名なところではフゼスタン州のチョガ・ザンビール産やファールス州のカズラン産などがある。緯度で見ていくと北側から順にケルマンシャー・イーラム・フゼスタン・

オバケトカゲモドキ
ケルマンシャー（ケルマーンシャー）

ファールスとなる。生息する地域の中でも標高に差があることが知られ、前者2産地の個体群は高地を、後者2産地の個体群はやや低地を好む。それは体型にも表れており、高地を好む個体群は体型がややひょろっとしていて四肢が長く上品さがあり、低地を好む個体群はがっちりとした体型で、四肢がやや短く、厳つさを感じるかもしれない。ケルマンシャー州産のものはややわかりにくいが、イーラム州産と同様の体型で、頭部は大きく発達する傾向があり、ちょうど中間的な存在とも言えるだろう。

　飼育に関しては見ためが近いヒョウモントカゲモドキに準ずる…とは言えない。飼育方法は「Chapter2 トカゲモドキ飼育のセッティング」を参照頂きたいが、1つだけ言うなればヒョウモントカゲモドキの飼育において当たり前となりつつある「過度な高温飼育」だけをむやみにあてはめることだけは避けてほしい。特にイーラム州産など高地を好む産地の個体群は、1,000m以上（最大1,800m近く）の高地に生息することが知られている。オバケトカゲモドキとひと括りにせず、飼育する個体の産地によって飼育環境に変化を設けることも重要だと言えるだろう。

オバケトカゲモドキ
イーラム（イーラーム）

オバケトカゲモドキ
イーラム（イーラーム）の幼体

オバケトカゲモドキ
イーラム（イーラーム）の幼体

オバケトカゲモドキ
イーラム（イーラーム）の幼体

オバケトカゲモドキ
フゼスタン（フーゼスターン）

オバケトカゲモドキ
フゼスタン（フーゼスターン）のメス

オバケトカゲモドキ
フゼスタン（フーゼスターン）の幼体

オバケトカゲモドキ
フゼスタン（フーゼスターン）の若い個体

オバケトカゲモドキ
ファールス

オバケトカゲモドキ
ファールスの若い個体

オバケトカゲモドキ
フゼスタン／チョガ・ザンビール

ヒガシインドトカゲモドキ（ハードウィッキートカゲモドキ）

Eublepharis hardwickii

分布	インド東部・バングラデシュ
全長	20〜23cm前後

本属の中では非常に異端な存在であり、一見するとニシアフリカトカゲモドキに近い種類にも見えるが、本種もまごうことなきユーブレファリス属である。2014年の日本初流通以後、国内でも少しずつ流通が見られるようになったが、当初は非常に高価で、一般的には手の届く範囲ではなかった。それがある程度落ち着いて飼育者数が増えたのはここ4〜5年（2018年前後から）であろう。流通している個体群のほとんどはインド東部のオリッサ州、もしくはその近隣地域の個体群である。

最大全長が23cmほどで、今のところ属内最小種。胴や尾は太めで四肢が短く、同属別種と比べても全体的にずんぐりした印象であるため、全長（数値）ほどに小さくは感じないかもしれない。色彩も特徴的で、濃淡はあるものの黒とオレンジの帯模様を持ち、頭部には吻端から目の下を通って後頭部で繋がる白色の帯状の模様がある。これはボウシトカゲモドキなど一部のコレオニクス属の種に見られる特徴であり、さまざまなトカゲモドキの特徴を集結させたように感じられるのは筆者だけであろうか。

好む環境は同属他種とやや異なり、過度な高温を好まず、多少湿度のある環境を好む。実際の生息地も、標高500〜600m前後の峡谷やそれらにある林道を中心に生息しているとされる。本種をヒョウモントカゲモドキを飼育するようなスタイルで飼育してしまうと調子を崩すことが多くなる可能性が高い。生息地は雨季と乾季が明確に分かれている地域でもある。これは繁殖にチャレンジする時の大きなポイントとなると言えるだろう。

亜成体

幼体

若い個体

ダイオウトカゲモドキ（ニシインドトカゲモドキ）

Eublepharis fuscus

分布	インド西部
全長	20〜25cm前後

　和名のダイオウ（大王）とは、「属内最大種で、最大全長で40cmに達する」という噂が過去に飛び交ったことにより名付けられたものである。しかしこれは誤りで、本種を育成しても、生息地で個体データを取っても、最大でも25cm前後の中型種であることがわかり、日本では名前負け感が否めず、飼育者によってはがっかりしてしまうという事態にもなった。ヒガシインドトカゲモドキがいるのに、なぜそのまま「ニシインドトカゲモドキ」とされなかったのか、悔やまれる部分だと筆者は思っている。しかし、本種はサイズ以外の部分で大きな特徴と魅力を備えている。特にその皮膚の質感は本属他種にはない滑らかでビロードのような肌触りであり、オーストラリア原産のビロードヤモリの仲間（*Oedura*）に近い触感と言える。ヒガシインドトカゲモドキ同様に全体的に太短くずんぐりとした印象もあり、皮膚の質感を含めて全体的にかわいらしさがあると

いう意見が多いのは、本種が属中でトップかもしれない。動きは他種に比べるとやや鈍いため、ハンドリングが容易な個体が多いのもファンが増えている理由の1つだろうか。

　ヒガシインドトカゲモドキとほぼ同時期の2014年に日本国内で初めて流通し、その後、欧米の繁殖個体を中心に少しずつ流通が増え、近年では見かける機会も増えた。しかし、本種やヒガシインドトカゲモドキは温度性決定が確立されていないようで、オス個体が非常に出にくいとされる（不確実性もあるようだ）。そのせいか、いずれの種もオス個体の流通が少ない、もしくはやや高価になる状況は続くかもしれない。

　飼育に関してはヒガシインドトカゲモドキに準じて良いが、本種はそこまで湿り気を好むことはないので、オバケトカゲモドキとヒガシインドトカゲモドキの中間的な扱いかたというイメージが良いだろう。

オス

メス

サトプラトカゲモドキ

Eublepharis satpuraensis

分布	インド（中部からやや西寄りにかけて）
全長	22〜27cm前後

　2014年に新種として記載されたトカゲモドキのニューフェイス。存在はそれ以前から知られていたようだが、種としての記載には時間を要したようだ。その後、2018年に国内で初流通が見られたが、人気の高いトカゲモドキの仲間の新種の流通ということもあり、近年の中で話題となった種の1つであろう。"サトプラ"とは、本種の模式標本（新種記載される時に基準となる個体）の採集された地域の名前がサトプラ山脈（Satpura Hills）であることから。記載されて間もないため分布域などは不明な点も多いが、降水量がやや多めの森林に生息しているということもあり、好む環境としてはヒガシインドトカゲモドキに近いと言える。

　配色は、成体は黄色から山吹色の下地に濃紺の帯模様が入り、個体によってはどちらも非常に濃い色合いを持つ。幼体期は同属他種と同じく、はっきりとしたシンプルなバンド模様となる。筆者個人の感想ではあるが、本種は、ダイオウトカゲモドキの柄にヒョウモントカゲモドキの体型・ヒガシインドトカゲモドキの環境・オバケトカゲモドキ（フゼスタン州産）の配色といった具合に、他のユーブレファリス属を足して割った種類のように見える。自然交雑とは考えにくいが、他種との関係性も気になるところである。

幼体（国内CB）

トルクメニスタントカゲモドキ

Eublepharis turcmenicus

分布	イラン北部・トルクメニスタン南部・キルギス
全長	20〜24cm前後

　その名のとおり、トルクメニスタンが主な分布域となるトカゲモドキの仲間。一見するとヒョウモントカゲモドキと非常に似ている。いや、本種に限っては穴が空くほど見ても似ていると感じるだろう。これは筆者の考えであるが、全ての表記を外した状態でヒョウモントカゲモドキの野生種（マキュラリウスやファスキオラータス）の中に混ぜた時、完全に言い当てられる人間は存在しないと思っている。それほど酷似している。強いて言えば本種は最大全長がやや小ぶりであり、胴に対して尾が長いなどの特徴があるとされるが、個体差の範疇であるとも言える。今後の研究ではヒョウモントカゲモドキ（*Eublepharis macularius*）の亜

種になるという説があるのも納得できる。飼育下での故意の交雑個体など不安があるかと思うが、それを疑いだしてしまうときりがない。信頼のおけるショップで自身の納得のいく個体を購入するようにしたい。

　飼育に関してはヒョウモントカゲモドキに準じて問題ないが、本種も過剰な高温は好まない傾向にある。また、野生の血に近い個体が多いためか、動きも機敏で活発な個体が多いと感じる。酷似しているが、ヒョウモントカゲモドキ、特に野生種ではなくモルフ個体のみ飼育している人は少し違う生き物だという感覚を味わえるだろう。

オス

メス

ハイナントカゲモドキ

Goniurosaurus hainanensis

分布	中華人民共和国（海南省）
全長	16〜18cm前後

　非常に古くから知られているゴニウロサウルス属の1種。流通には波があり、2000年代前半頃までは流通がほぼなく、入手が困難であった。要因の1つに特殊な事情があり、それまで"ハイナントカゲモドキ"として中華人民共和国から輸入されたことが幾度もあったのだが、1990年代初めに輸入された個体群は、今でいうところのゴマバラトカゲモドキ（*Goniurosaurus luii*）であり、1994〜1995年前後に輸入された個体群はアシナガトカゲモドキ（*G. araneus*）であった。つまり、2000年代初期までは*G. hainanensis*という種類がまとまった匹数で日本国内に流通したことがなく、本種はある意味"幻のゴニウロサウルス"的な扱いで、実在するのかという論争もあったほどである。その後、2003

年に本種が実際に輸入され大きな話題となり、それ以降、WC個体が中国（香港）から安定して輸入されるようになった。

　名のとおり中華人民共和国の海南省にある海南島（「かいなんとう」または「はいなんとう」と読み、どちらも正しい）に生息している。ただし、海南島内での生息域はやや謎に包まれており、主な生息域とされている南部や南西部は自然保護区や開発された地域が多い。また、流通する個体を見ると輸入される時々によってあきらかにタイプの違う個体群が見受けられるため、可能性は低いが、もしかしたら未発表の大きな生息域があるのかもしれない。なお、後述するスベノドトカゲモドキと外見での見分けが難しい（ほぼ不可能な）点から、実際はスベノドトカゲモドキが

流通していたという結果もあり得るだろう。

　飼育に関しては、本属では丈夫で順応性が高く、飼育しやすい種類だと言える。本属飼育のオーソドックスな飼育スタイルを用意すれば問題ないだろう。オレンジのバンド模様がくっきりと残る幼体が出回ることも多いが、幼体でも餌付きは良く、弱さは感じられないことがほとんど。今回紹介する中で後述のスベノドトカゲモドキ・バワンリントカゲモドキ・ツォーイトカゲモドキ・インドートカゲモドキと本種含めて5種は、ゴニウロサウルス属でもいわゆる「胴長短足」と言われるタイプで、このタイプは丈夫で比較的飼育しやすい種が多いと言って良いだろう。

　ゴニウロサウルス属全種がワシントン条約附属書II類に

入った影響もあり、あれほど流通のあったWC個体も輸入は近年は皆無になってしまった。原産国から輸出許可が出ることは考えにくいため、今後もWC個体の流通は見込めないだろう。しかし、EU圏の繁殖個体は少しずつ輸出許可が出始めている。日本国内でも繁殖例は多く、安定した匹数を繁殖をさせているブリーダーも多いため、今後流通が途絶えてしまうことは考えにくい。タイ（タイ王国）からも繁殖個体が盛んに輸入されているが、現地での高温管理の影響なのか原虫の影響なのか、飼育していると急に状態が悪化する例が見られるため、購入時は状態の良し悪しを入念にチェックしたい。

ハイナントカゲモドキ

ハイナントカゲモドキの幼体

ハイナントカゲモドキの幼体

ハイナントカゲモドキの幼体

ハイナントカゲモドキの幼体

スベノドトカゲモドキ

Goniurosaurus lichtenfelderi

分布	ベトナム北東部・中華人民共和国（広西チワン族自治区）？
全長	16〜18cm前後

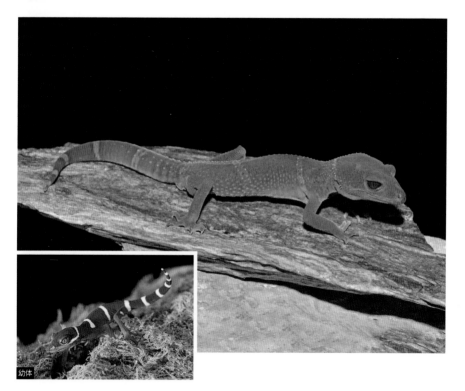

幼体

先述のハイナントカゲモドキと酷似し、以前は本種の亜種として記載されていたが、近年は別種扱いとなっている。そもそも生息域が異なり、本種は大陸（主にベトナム北東部）が生息地であるが、ハイナントカゲモドキは記載上は海南島（海南省）が生息域となっている。そのため、ハイナントカゲモドキのWC個体流通中期から後期にかけては、採集のしやすさ（採集可能な地域の広さ）から、その流通個体のほとんどが本種であったという説もあるほどである。外見上の見分けは非常に困難であるが、瞼の周りの鱗の数が異なるというデータがあり、*G. lichtenferderi*が43〜58枚、*G. hainaensis*が54〜77枚とされている。ただし、同数が存在するため、残念ながら確実な生息地情報以外での100%の判別は難しいと言えるだろう。

同属他種同様、ワシントン条約附属書II類入りの影響でWC個体の流通はなくなった。本種は、CB個体が本種の名前で流通することは極端に少ない。先にも述べたが、ハイナントカゲモドキとして過去に流通した個体の中に本種が混ざっている可能性は十分にあり得る。気になる人は各自で飼育個体をマクロレンズで個体を撮影するなどして、瞼の周りの鱗の枚数を数えてみて頂きたい。

バワンリントカゲモドキ

Goniurosaurus bawanglingensis

分布	中華人民共和国（海南省中部からやや西寄り）
全長	15〜17cm前後

幼体

　ハイナントカゲモドキ同様、中華人民共和国の海南島（海南省）に生息するが、分布域が重なることはなく、本種は島のやや西寄りに位置する覇王嶺（ハオウレイ）という地域が主。こちらもハイナントカゲモドキの生息域同様、大きな自然保護区になっている。これを見ると同様の条件下に思えるのだが、以前ハイナントカゲモドキはWC個体が多く流通していた一方で、本種はWC個体の流通は少なく、2010年前後までは本種の流通自体、ほぼ聞かれなかった。その後、香港やEU圏での繁殖個体を中心に少しずつ流通するようになり、近年はワシントン条約附属書II類入りの影響こそあるが、国内繁殖個体を中心にEU圏の繁殖個体なども含め入手は難しくない状態が続いていると言える。

　幼体期は他種同様に黒色斑点が少ないまたはなく、やや明るめの黒色と鮮やかなオレンジ色のバンド模様で、ハイナントカゲモドキなどと比べると全体的に色が薄め。成長につれて体全体に黒色の斑点が入るようになるが、斑点は他種よりも多く細かい傾向にある。オレンジのバンドはうっすらと残る個体もいるが、基本的には消失するだろう。

　やや臆病な面もあるが基本的にハイナントカゲモドキ同様、非常に丈夫で、本属の中では飼育しやすい種類の1つである。成体期には個体差もかなり見られるため、幼体期からの変化を楽しんだり、好みの個体を選ぶのもおもしろいだろう。

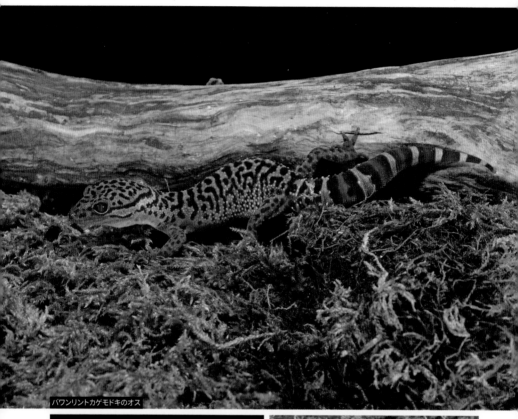

パワンリントカゲモドキのオス

パワンリントカゲモドキ

パワンリントカゲモドキ

パワンリントカゲモドキのメス

パワンリントカゲモドキ

パワンリントカゲモドキ

ツォーイトカゲモドキ

Goniurosaurus zhoui

分布	中華人民共和国（海南省）
全長	15〜17cm前後

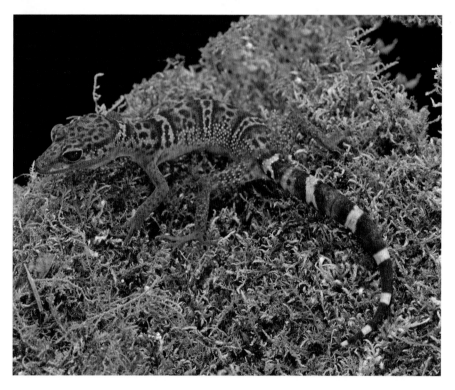

　ハイナントカゲモドキ・バワンリントカゲモドキと共に中華人民共和国の海南島（海南省）を産地とする、新種記載されたニューフェイス。日本国内には2015年以降、1〜2年間にのみごく少量のWC個体が流通した。生息地が同じ2種、特にハイナントカゲモドキに容姿は似るが、本種の成体期のバンド模様（オレンジ色）は他種よりもさらに薄くなる。全体の地色もグレーに近い黒で、所々にさらに色抜けしたような模様が入る。他種よりも全体的に色調が薄く、淡い色合いイメージの種だと言えるだろう。

　流通量が少ないため飼育例も他種より少ないが、飼育自体の難しさは特筆してないと言える。しかし、元々流通が少ないうえに同属他種同様、ワシントン条約附属書II類入りの影響でWC個体の流通はなくなった。日本国内での繁殖例も少なく、国内のCB個体が流通することも稀である。そうなると海外のCB個体に頼りたいところであるが、ワシントン条約該当種となり、原産国だけではなく生産国からの輸出許可も2023年現在未だに出にくい状況が続いている。よって、本種の入手はかなり困難だと言えるだろう。入手のチャンスがあり雌雄を揃えることができた場合は、ぜひとも繁殖まで目指して飼育してほしい。

インドートカゲモドキ（インディトカゲモドキ）

Goniurosaurus yingdeensis

分布	中華人民共和国（広東省）
全長	15～17cm前後

　流通当初はなぜか"イエントトカゲモドキ"と呼ばれていたが、学名の綴りを含めて「イエント」とは読めない（発音しない）ため、"インドー（インドゥ）"が定着した。インドーと言うと国名のインドを思い浮かべる人も多く、インド産のトカゲモドキと勘違いする人も多かったが、単純に学名の*yingdeensis*（インディエンシス）を由来とする呼び名である。ツォーイトカゲモドキ同様、近年に記載され、ごく最近（2016年頃から1～2年間）、WC個体がごく少数匹のみ日本に流通した。広東省の中部からやや北寄りの英徳市が原産であり、*yingde-*も英徳をラテン文字にしたものである。

　幼体期と成体期の体色差・模様差が大きい本属であるが特に本種はそれが顕著であり、他種の幼体期は黒の地色にオレンジ色のバンドが入る種がほとんどだが、本種では地色の大部分もオレンジ色に染まり、全身がオレンジ色に見えると言っても過言ではないほどである。それが成体となると一変し、グレーからやや褐色がかった地色に黒色の非常に細かい網目模様や斑点が入り、全体的に非常に暗めで落ち着いた色柄となり、成長過程における変化には目を見張るものがあるだろう。どちらかと言えばパワンリントカゲモドキの変化に近いと言えるかもしれない。

　大陸に生息する種であるが体型は海南島産の3種に似ており、四肢は短く、驚くとすばやい動きを見せる。性格は臆病で神経質なため、シェルターを多くするなどしっかりと落ち着ける環境を用意して飼育に臨みたい。しかし、本種もツォーイトカゲモドキやリボトカゲモドキと同じ境遇であるため、残念ながら入手はかなり困難だと言える。

ゴマバラトカゲモドキ（ルイートカゲモドキ）

Goniurosaurus luii

分布	中華人民共和国（広西チワン族自治区）・ベトナム北部?
全長	17〜19cm前後

　1999年に記載された大型種。流通状況からもっと古くから知られていてもおかしくなさそうなものだが、ハイナントカゲモドキの項で解説したように、少なくとも1990年代中盤ほどまでは本種が*Goniurosaurus luii*として流通したことはなく、飼育者のみならず現地での採集者や研究者も混乱していた可能性が高い。日本国内でもハイナントカゲモドキだとして本種を飼育していた例もあるだろう。流通の初期年度は不詳であるが、正式に本種として流通し始めたのはハイナントカゲモドキとの関係性が正された頃（2000年代中盤頃）だと考えられる。

　本種は、分類において本属で最もややこしく難解な種だと言える。理由の1つとして容姿が非常に似ている別の2種の存在がある。1つは後述のフーリエントカゲモドキ、もう1つは今回割愛したカドーリートカゲモドキ（*G. kadoorieorum*）である。これらを完璧に見分けて区別できる人間は存在しないと言っても良いだろう。過去においてカドーリートカゲモドキとして輸入・流通した個体はないが、本種（*G.luii*）として流通した中には輸入される便によっ

てあきらかに違ったタイプがいることが多々見られた。今思えばそれらがカドーリートカゲモドキだったりフーリエントカゲモドキだったりしたのかもしれない。ただ、2023年8月現在、カドーリートカゲモドキは種として認めない（有効性はない）という結論が濃厚のようなので、今後、正式な分類は変わっていくであろう。

　本種はやや気難しく、ハイナントカゲモドキの飼育とは分けて考えて頂きたい。特にWC個体では導入期の餌付きが悪く、ピンセットなどから直接食べることは稀であった。CB個体の流通が主流になった近年でそのデメリットは注目されないが、高さのないケージで他のヤモリ同様の飼育スタイルを続けていると、餌食いが悪くなる傾向にある。これは本種を筆頭とする「脚長」タイプのゴニウロサウルス属に共通して言え、やや小高い場所に登って下を見下ろすように餌を探す習性が特に強いためである（「Chapter2 トカゲモドキ飼育のセッティング」参照）。やや高さのあるゆとりのケージを使い、立体的なレイアウトを施して飼育したい。

フーリエントカゲモドキ

Goniurosaurus huuliensis

分布	ベトナム北部（ランソン省）
全長	17〜19cm前後

　ゴマバラトカゲモドキと酷似し、外見のみで区別することは不可能に近い。実際に本種は、それまでゴマバラトカゲモドキ（*G. luii*）とされていたものが2008年に分類され、本種（*G. huuliensis*）として記載された。本種のほうが全体的に色が濃いめでバンドの色合い（オレンジ色）も濃い発色が見られるともされているが、個体差レベルという話もある。強いて言うなら、学名の由来にもなっているベトナムのランソン省フーリエンにあるフーリエン国立公園、ま

たはその周辺が生息地とされ、ゴマバラトカゲモドキは中華人民共和国の広西チワン族自治区が生息地であることから、生息地から区別をするしかないであろう。しかし、産地情報が付いて流通することは稀なため、鱗の形や枚数の違い・前肛孔の枚数の違いなどで判別する以外は、導入時のラベリング（種類情報）を信じるしかないだろう。
　本種も同属他種同様にワシントン条約該当種となり、原産国だけではなく生産国からの輸出許可も2023年現在未だ

幼体

に下りにくい状況が続いている。特に原産国からのWC個体の輸出許可はほぼ望めないため、国内やEU圏中心の繁殖個体の流通を待つしかないだろう。このような種類の場合、交雑を防ぐ意味でも、同じ便で流通した親個体を使用した繁殖個体、もしくは同じ繁殖者からの個体を入手し、それら同士にて繁殖をさせることを基本線としておきたい。そうすることで、仮にゴマバラトカゲモドキであっても交雑しなくて済む。血の濃さを心配する人も多いが、それに関しては筆者の意見としては問題ないと考える（「Chapter4 トカゲモドキの繁殖」参照）。

　飼育はゴマバラトカゲモドキに準じて良い。特に成体、そして繁殖を目指す際はゆとりのあるケージでやや立体的なレイアウトを施して飼育しよう。

アシナガトカゲモドキ（アラネウストカゲモドキ）

Goniurosaurus araneus

分布	中華人民共和国南部（広西チワン族自治区）
全長	18〜22cm前後

　学名の「アラネウス」と呼ぶ愛好家も多い大型種で、僅差ではあるものの属中最大種とされる。ベトナムトカゲモドキと呼ぶ人も多くいたが、ベトナムに生息するゴニウロサウルスは他にも存在するため、混同を防ぐ意味でも今回はアシナガトカゲモドキ（アラネウストカゲモドキ）とした。というよりも、本種がそもそもベトナムに生息していないであろうということ（研究者の予測だが、ほぼ確実視されている）が近年判明している。「アシナガ」も四肢の長い種は他にもいるが、種小名の*araneus*は「蜘蛛」という意味があり、そこからのネーミングのほうが多少は理にかなっていると言えるだろう。

　ゴマバラトカゲモドキなどと同様に四肢が長く、頭部が大きめで全体的にアンバランスな体型を持つ。体色にはやや個体差があるものの赤紫色からそれがやや白みがかった色がベースとなり、そこに黒色で縁取られたオレンジ色のバンド模様が入る。幼体期はほぼ黒白交互のバンド模様である。色合いは幼体期・成体期共に他種に比べると非常に独特で特徴的であり、飼育を望むファンが多いと言えるだろう。

　同様の体型を持つ他種と同じく立体活動する傾向が強く、特に本種は大型になることもあるため、さらにゆとりのある大きめのケージを使用しよう。本属でも南方に生息するため、ハイナントカゲモドキなどを飼育する場合のような過度な低温は好まない。逆に、やや心配になるほど高温になってしまっても平然としていることもある。近年、流通の中心となっているCB個体はそこまで過敏ではないにしても、同属他種よりも気持ち高めの温度で（低温にしないように）飼育すると良いだろう。

カットバトカゲモドキ

Goniurosaurus catbaensis

分布	ベトナム北東部（ハイフォン省カットバ島）
全長	18〜20cm前後

　ベトナム北東部に位置するハイフォン省のハロン湾にあるカットバ島にのみ固有分布とされる種であり、学名も島の名前（Cat Ba）からのものである。同属他種から分割・新種記載されたものではなく、2008年に新種記載された、新しい種。日本国内への流通は2010年前後が初とされ、筆者も比較的早い2012年に入手したデータがあった。初流通から10年そこそこしか経過しておらず、WC個体のまとまった流通も見られなかったためか、2023年現在、残念ながら国内外からのCB個体の流通もほぼ見られない状況である。配色としてはゴマバラトカゲモドキにやや似るが、本種は粒状（突起状）の鱗にバンドと同じ黄色やオレンジ色が乗

るため、全体的に明るく派手に見える。尾の模様も特徴的で、ゴニウロサウルスの仲間の多くが通常は白黒のリング状になるのに対し、本種では乱れている個体が多く、一見すると再生尾に見えてしまうかもしれないほどだ。

　島の局所分布ということもあり環境にうるさいかと思いきや、四肢の長いタイプとしてはどちらかと言えば丈夫で飼育しやすい。警戒心は強いものの環境への順応性も高い個体が多いので、比較的餌付けもしやすいだろう。生息地が南方であることと、生息地の標高は全体的にさほど高くないというデータもあるため、アシナガトカゲモドキ同様に過剰な低温に晒すことは避けて飼育したい。

リボトカゲモドキ

Goniurosaurus liboensis

分布	中華人民共和国（貴州省・広西チワン族自治区）
全長	18〜20cm前後

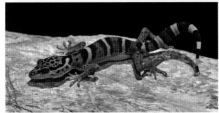

　体全体が黄色みがかるその独特な配色と、属内最大とも称されるサイズ感は絶大なインパクトがある。2013年に記載され、インドートカゲモドキやツォーイトカゲモドキと共に2015〜2016年に初流通が見られた。その2〜3年間に先の2種よりもさらに少ない個体数のみが出回ったが、その後はCITES II 類への移行もあり流通が止まり、海外の繁殖個体もほぼ聞かないため、ある意味過去に流通が見られたゴニウロサウルス属において、今では最も見ることができない（入手が非常に困難な）種なのかもしれない。

　飼育例も少なくデータも十分ではないのだが、他種に比べて非常に警戒心が強く臆病な性格で、WC個体は広めでしっかり落ち着ける環境を用意しないと餌すら食べてくれない場合も多い。同時に、他の四肢の長いタイプのゴニウロサウルス属と同様、立体的なレイアウトを用意して上から下を見下ろすような環境作りも必須。それをさせないとなかなか餌を食べない個体も見られたことからも、警戒心の強さを感じ取れる。過去の流通はほぼWC個体のみであったためCB個体との比較はできていないのだが、CB個体を入手する場合もひとまず同様の環境を用意しておけば間違いないであろう。

　しかし、2023年現在、WC個体はもちろん、近年、他種では見られるようになったEU圏からのCB個体の流通も本種に関しては今のところ見かけられない。ごく稀に国内での繁殖例は聞かれるので、入手のチャンスも低いトカゲモドキだ。分類が混沌としており、近年では2種（地味なタイプと黄色みが強いタイプ）に分かれるという説も出ているのだが、まだ正式に種として記載されていないようなので今回は1種として紹介した。

ニシアフリカトカゲモドキ

Hemitheconyx caudicinctus

分布	西はセネガルから、東はカメルーン西部までのアフリカ西部の広範囲
全長	18〜25cm前後

　同じトカゲモドキの中においてヒョウモントカゲモドキ（レオパードゲッコー）という大スターが存在するが、本種も近年、多数のモルフの出現も手伝ってか、負けず劣らずの人気が出ている。Fat Tail Gecko（ファットテールゲッコー）という英名を持ち、この名で呼ぶ飼育者も少なくない。「Fat＝太った」「Tail＝尾」という意で、見た特徴そのままというところである。本種もまた尾にしっかりと栄養分を貯めることができ、栄養を多く蓄えた個体の尾はヒョウモントカゲモドキを凌ぐほど見事だ。野生下で再生尾（1

度切れた尾が再度生えてきた個体）の多い種で、再生尾は通常の尾に比べて太短くなることが多く、最初に発見した人間がその再生尾が普通だと思った故に付けられた「Fat Tail」なのかもしれない。

　15〜20年ほど前までは、本種の流通の大半（80〜90％前後であろうか）が野生採集個体（WC個体）であった。本種が生息している西アフリカ諸国からの生き物の輸入が非常に活発であったことも要因だと考えられる。実際、近年でも西アフリカ諸国からの爬虫類の輸入量は多い。しかし、

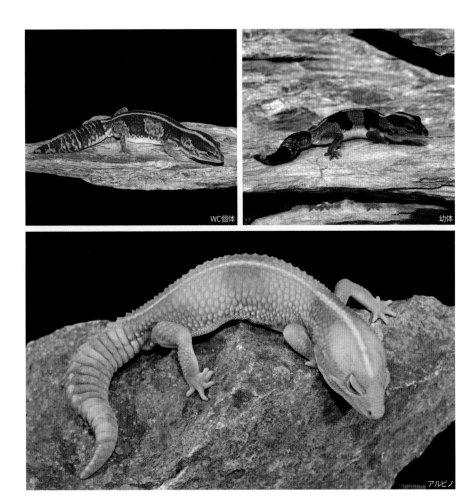

WC個体

幼体

アルビノ

採集数は減少傾向にあり、昔に比べて流通価格が数倍になっている。一方、繁殖個体（CB個体）の流通が活発化しており、ノーマル個体はもちろん、ここ10年前後でさまざまなモルフが流通するようになった。ヒョウモントカゲモドキに比べればまだ少ないものの、本種ならではの色柄が多数存在し、未知（未開拓）な品種がいくつも存在すると考えられ、今後の楽しみも多いトカゲモドキだと言えるだろう。

　飼育はヒョウモントカゲモドキと比べてやや癖があると言われるが、特にWC個体にあてはまることで、CB個体に関してはほぼ同様の扱いで問題ない。強いて言えば、本種のほうがやや多湿を好むのと、やや高めの温度を好む（低温には晒さないほうが良い）。それがWC個体の場合だと、よりシビアな管理が必要になるといったイメージである。

ニシアフリカトカゲモドキ "ゼロ"

ニシアフリカトカゲモドキ "キャラメルアルビノ"

ニシアフリカトカゲモドキ "ホワイトアウト"

ニシアフリカトカゲモドキ "スティンガー"

テイラートカゲモドキ

Hemitheconyx taylori

分布	ソマリア北部（ソマリランドを含む）・エチオピア東部
全長	18〜22cm前後

　筆者の個人的な感想として本種は「トカゲモドキの仲間の最難関種」「ラスボス」といったイメージのある種で、飼育難易度・入手難易度など、全てにおいて言える。近年は特に入手が困難で、ソマリアやエチオピアといった治安が悪化している地域が主な生息域となっているため、採集業者がWC個体をやすやすと行けるような場所ではない。それならCB個体を待ちたいところであるが、飼育難易度MAXの生き物がそう簡単に殖えることはなく、こちらも期待ができないという状況なのだ。

　飼育難易度についてだが、WC個体に関してはまず餌を食べてくれない。筆者も以前、多数のWC個体を入手して管理したが、すんなりとコオロギを食べてくれた個体は1割以下であった。頑張って餌付けようと試みても、餌付く個体すら半分にも満たなかった記憶がある。これは本種が現地にて捕食している虫がシロアリなどが中心ということで、大きいサイズの昆虫を好まない（餌として認識してくれない）ことや、アリとの見ためや動きの違いなどが大きな理由であろう。非常に臆病で、輸入当初はコオロギが跳ね回るだけで嫌がっていた。めでたく餌付いた個体でも、何らかの理由でまた食べなくなることがあったり、食べても痩せてしまう個体がいたりと、非常に手を焼いたものだ。当時は情報や餌のバリエーションも少なく、現在なら結果も違ってくるのかもしれないが、ある程度流通が見られていたわりには2023年現在も安定したCB個体の流通がない状況を見ると、欧米を含めても高難易度のため長期的に繁殖を継続できていないと考える。

　本種はニシアフリカトカゲモドキと同属であるが見ためは全く異なり、特にその独特な顔つきは唯一無二の存在感である。今後安定した流通があれば間違いなく飼育希望者は多く出ると考えるが、それはかなり望みが薄いのかもしれない。

テイラートカゲモドキ

テイラートカゲモドキ

テイラートカゲモドキ

テイラートカゲモドキ

06 CHAPTER

トカゲモドキ飼育のQ&A

—— Question & Answer ——

Q 爬虫類飼育の経験がなくても飼えますか？

A 飼えます！ と言いたいところですが、それはあなたの気持ちとやる気次第です。本当に「このトカゲモドキを飼いたい！」という強い気持ちを持っているならおそらく大丈夫でしょう。周りに流されて飼育を始めたり、簡単そうだからという理由で飼育したりする人は失敗する場合が多いですね…。
初挑戦の場合は、あまり小さな個体（幼体）ではなく、しっかり成長した大きめの個体から始めると良いでしょう。いずれにしても初めて飼育をされる際は、お店にてしっかりとご相談されることをお勧めします。

Q 噛みますか？

A 口があるので噛みますよ…という意地悪な回答ではありませんが、どの種類も噛むと思っておいてください。トカゲモドキ全般、温厚な生き物で、筆者も何百匹と取り扱ってきましたが、噛まれた経験はあまりありません。もちろん、嫌なことをされれば怒り、威嚇してくるし、その延長で噛まれることもあります。特に野生個体（WC個体）や血筋が野生に近い個体は性格が野性味溢れている個体も多く、動きも機敏な個体が多いです。万が一、ヒョウモントカゲモドキやオバケトカゲモドキの大型個体に本気で噛まれれば手傷を負うかもしれないので、注意しながら接するに越したことはありません。そのような意味でも、過剰なハンドリングは避けたほうが良いでしょう。

Q ハンドリングしたいのですが、どの種類も可能ですか?

A ヒョウモントカゲモドキやニシアフリカトカゲモドキなどはおっとりした性格の個体も多く、ハンドリング向きの生き物だと言えます。しかし、100%可能かと言われるとそうではありません。個体差があり、たまに臆病で逃げがちな個体もいます(特に幼体期はその傾向が強いです)。そのような個体を無理に触っているとストレスとなり、尾を切ったり早死にしたりする可能性もあるので、個々の性格を理解したうえで慎重に行うようにしましょう。また、ハイナントカゲモドキなどのゴニウロサウルス属やボウシトカゲモドキなどのコレオニクス属は神経質で臆病な性格の種類も多く、動きもやすばやいので、触れ合うことはメンテナンスの時など最小限に留めましょう。

Q キッチンペーパーやペットシーツを床材にして飼育できますか?

A 近年非常に多い質問です。キッチンペーパーに関しては本文でも触れたとおり、手間を考えたうえで自身が問題ないようであれば使用するのは問題ありません。ペットシーツは、大型個体が齧ってしまった場合、中の吸水ポリマー材を食べてしまう危険性があるので、ペットシーツ自体に餌のにおいが付いたりしないようにしたいところです(においが付いていると齧る可能性があります)。また、コオロギなどをばら撒きで与える場合も、噛りついた際、一緒に食べてしまわないよう注意が必要です。キッチンペーパーは紙なので多少食べても大きな問題はありませんが、吸水ポリマー材を大量に食べてしまうと、体内でそれが膨張して滞留し、最悪の場合は開腹手術が必要となってしまいます。心配であれば使用しないほうが無難でしょう。ゴニウロサウルス属の多くやボウシトカゲモドキなどはある程度保湿をしたいことを考えると、乾きやすいキッチンペーパーなどはあまり推奨できません。神経質な性格で、できるだけ自然に近い環境を再現してあげましょう。

Q 旅行で1週間程度家を留守にする場合、どうしたら良いでしょう?

A 季節にもよりますが、温度だけ気をつけたうえで「放置」していくことを推奨します。気温の高い時期や非常に寒い時期は、緩めの温度設定で良いのでエアコンを稼働させていくのが無難です。餌は、よほどの幼体でなければどの種類も1週間程度はなくても影響ありません。水分も出かける前に軽く霧吹きをしていけば問題ありませんが、心配であれば水入れや種類によってはウェットシェルターを配置していくと良いでしょう。最も良くないのは、行く前にたくさん食べさせることと、ケージ内にコオロギをたくさん放していくことです。出かける前(もしくは出かけている最中)にたくさん食べて、仮に不在中にもし温度が低下して吐き戻しをしてしまったら対応が遅れてしまいます。また、放しているたくさんのコオロギにまとわりつかれて過度なストレスになってしまう可能性もあります。出かける前日、もしくは前々日にいつもの量を与え、水入れの水の交換をしていくだけで十分です。不安であれば、床材を交換して霧吹きを気持ち多めにしておくことは良いかもしれません。長期不在の場合は信頼できる人やペットホテルに預けることも良いかと思いますが、短期の旅行など(3〜5日程度)なら、移動のストレスのほうが勝ると思うのであまりお勧めはしません。

Q 寿命はどのくらいですか?

A 産卵の回数などによっても差が出てきますが、ヒョウモントカゲモドキなどの大型種は20年を超える例も多いです。コレオニクス属の小型種の場合は8〜12年前後といったところでしょうか。ただ、寿命と言っても個体によっても異なります。人間も全員が100歳まで生きるわけではありません。また、これは私個人の考えですが、飼育下での寿命は飼育者が握っていると考えています(飼育の仕方次第という意味)。うまく飼育すれば野生下よりも長生きすることも多く、逆に間違った飼育方法をしていれば寿命を縮めることになります。あまりに寿命を気にしすぎることは生き物を飼育するにあたってはナンセンスであり、その個体が自身の飼育下で長生きできるよう全力で飼育に取り組みましょう。本文にも書きましたが、近年は過保護(餌の与えすぎなど)が原因で、飼育者が知らず知らずに寿命を縮めているケースが多々見られるので、肝に銘じましょう。

Q イベントで購入した個体が餌を食べません。病気でしょうか?

A 近年増えているご相談です。病気という可能性も0%ではないですが、ほとんどは環境の変化が原因です。お店の管理温度は比較的高めの場合が多く、エアコン管理などで24時間ほぼ一定の温度を維持しています。そこから個人宅に移動して、温度が不安定だったり、冬場で夜間温度が若干下がったりする状況だと餌を食べないことがしばしばあります。どうすれば良いかと言えば、自身の飼育環境(主に気温)がよほど間違っていないかぎり、しばらく飼育して、数日後から餌を与えてみてください。そ

の温度の環境に慣れて餌を食べ出すことがほとんどです。魚類などにもあてはまりますが、生き物は気温や水温・環境の変化があると、その状況に馴染むことを優先するため、捕食活動などを一時止め、馴染んだ頃にまた再開します。大型個体ほど時間がかかることが多いですが、焦らずじっくりやってみてください。餌を食べないと過剰に加温したがる人がいますが、場合によっては自殺行為になるので注意しましょう。

Q 飼育していた個体が死亡してしまったらどうしたら良いですか?

A 生き物を飼育する以上、理由はさまざまですが飼育個体が死亡してしまうことは避けられません。以前は土に埋めてあげるという形を推奨する傾向もありましたが、近年では日本にない病気や菌などの国内への広がりを防止する意味でも、やたらと埋めてしまうことはNGとされるようになりました。対処法をいくつか挙げると、ペット用の火葬をし遺灰を保管する・骨格標本にしてもらう・透明標本にしてもらうなどがあり、ペットを死後も身近に置いておきたい人にはこれらはお勧めです(小型種は難しいかもしれません)。埋めることも、自宅敷地

内のプランターや大きな鉢植えなど自然とほぼ接点のない土中ならば問題ないでしょう。ただし、個体が大きかったり、あまりにも土が少ないと土壌バクテリアが少なく、うまく分解されずに腐って異臭を放つ原因となりかねないので注意してください。感情が割り切れるのであれば可燃ゴミとして処理をするというのも1つの方法で、倫理的に言ってしまえば公園や野山に埋めたりするよりはよほど良いとされますが、これは各自でご判断ください。

Q 他店で購入した生体の飼育について質問をしたら断られました。なぜでしょう?

A 最近多いケースです。結論から言えば「断られることが当たり前」だと思ってください。これはあなたがそのお店(質問をしたお店)とどのような関係なのかにもよるかと思います。定期的に顔を出して餌など買い物をしているお店であれば、他店で購入した生き物の質問をしても気軽に相談に乗ってくれるでしょう。しかし、ほぼ利用したことのないお店ならお店側も良い顔はしないだろうし、ましてやどこの誰とも名乗らず電話で聞くなどもってのほかです。別に店側が嫌がらせをしているわけではありません。お店の販売している生き物には価格が付いていますが、その中には生き物本体の値段以外に、各店が持つ「知識」という目に見えない大きな産物が含まれています。それなのに、価格が安いからとイベントなどで生き物だけ購入して、知識の豊富な店に質問だけするというのはマナーとして絶対NGだとお考えください。また、普通に考えればその生き物(個体)の特性や癖については、管理していた人が1番わかるはずです。同じ種類であっても、直前まで食べていたものや管理していた温度など、他店は知る由もありません。そういう意味でも、購入した生体に関しては必ず購入した店に質問をするようにしましょう。納得できる回答が得られない、または購入時に忙しさを理由にしっかりした説明をしてくれないようなら、その店からは購入しない(断る)ことも大切です。

Q 多頭飼育したいのですが、可能でしょうか?

A 難しいところですが、完全に無傷で飼育したいようであればどの種類においてもやめておいたほうが無難です。特にメス同士などはケージのキャパをオーバーしなければ同居飼育も十分可能な場合も多いですが、相性もあるし、餌の取り合いなどで間違えてお互いを噛んでしまうことも考えられます(尾を噛まれたら自切する可能性も高いです)。トカゲモドキ全種、群れて嬉しい習性は全くないので、単独飼育を基本線に、繁殖を目指す場合などにオスとメスを一時的に入れる程度に留めるほうが無難だと思います。強いて言えば、ハイナントカゲモドキやバワンリントカゲモドキ・コレオニクス属の多くは、オスとメスでのペア飼育は可能と言えます。その場合はゆとりのあるケージでシェルターとなる障害物を多めに入れた環境を用意してあげましょう。

トカゲモドキの用語解説
—— Glossary ——

WCとCB	WCはWild Caught（catchの過去形）の略で、意味は野生採集。WCやWC個体と書いてあったら野生採集個体という意味。一方CBはCaptive Breeding（Captive Bredとする場合もある）の略で、意味は飼育下繁殖。CBやCB個体と書いてあったら飼育下での繁殖個体という意味。
再生尾 （さいせいび）	哺乳類などに襲われてちぎられたなど、何らかの原因で切れた尾が再び生え戻ったもの。CB個体には少ないが、たとえばWC個体の流通が多いニシアフリカトカゲモドキの場合、野生個体の半分かそれ以上で、再生尾ではないかと思うほど再生尾の個体が多い。CB個体の感覚だと再生尾は価格が安くなりがちだが、WC個体の再生尾は仕方ないと思ってほしい。
ハンドリング	手に生体を乗せたり手で生体をある程度保定（逃げないように保持）したりすること。トカゲモドキはハンドリングがしやすいヤモリの代表とも言えるが、ニシアフリカトカゲモドキやヒョウモントカゲモドキ以外の種類は嫌がる個体も多い。また、多くの個体で「掴まれる」ように触られることは非常に嫌がるので、個体の腹側に手を滑り込ませるように入れて、そっと包み込むように持ち上げてあげると良いだろう。
モルフ	英語のmorphがそのまま使われているが、意味合いとしては直訳である「姿、形」というよりは「品種（としての姿形）」という意味合いで使われる。何らかの形で遺伝性のある品種は基本的にこの「モルフ」にあてはまると言って良いだろう。
自切 （じせつ）	読みかたは「じぎり」ではなく「じせつ」。ヤモリが尾を自らの意思や外部から何らかの力が加わったことにより尾を切り離して（切り落として）しまうこと。トカゲモドキの場合、何もしていないのに自ら尾を切り離してしまうことは少ないが、外部からの力が加わった時に自切してしまうことが多い。逃げそうになった時など、慌てて尾を掴んだりしないよう冷静に対処したい。

<table>
<tr>
<td>

前肛孔
（ぜんこうこう）

</td>
<td>

多くのヤモリやトカゲの成熟したオス個体に見られる総排泄口のやや上側（頭側）の鱗に見られる分泌器官のことであり、鱗1枚1枚の中心に穴が開いたように見えたり、鱗の中にさらに鱗があるように見える場合も多い。両後肢の付け根から付け根へ橋渡しのように繋がっており、「への字の鱗」などと表現することが多いかもしれない。
成熟が進んで今までより目立つようになった場合は、分泌物が硬化して付着していることが多い。雌雄判別の手がかりの1つとされることが多いが、発達には個体差（成長差）があるので注意。

</td>
</tr>
<tr>
<td>

ヘテロ

</td>
<td>

正確な表記はheteroで、ヘテロセクシャルの略称（反対語はホモセクシャル）。これはギリシャ語由来の言葉で「違う」「異なる」という意味合いがある。爬虫類界隈ではしばしば「Het」や「het」と表記されることが多く、その表記の後ろ側に付くモルフ名は「見ためには表現されていないけど、その個体の体内にはそのモルフ名の遺伝子が入っていますよ」という意味となる。たとえば、ノーマルHetアルビノという表記があれば、「見ためはノーマルだけど体内にはアルビノの遺伝子がありますよ」という意味になる。たまにこれを「アルビノヘテロ」と言う人もいるがそれは間違いであり、話がややこしくなってしまうので注意が必要。

</td>
</tr>
<tr>
<td>

ロカリティ

</td>
<td>

英語のlocalityがそのまま使われている形で、意味としてもそのまま「産地」という意味でしばしば使われる。特にオバケトカゲモドキなどはロカリティが分けられて販売されていることが多い。また、他種でも明確なロカリティが表記されて販売されていることもある。ロカリティごとにしっかり分けて飼育、そして繁殖をしたい愛好家は多いため、混ざってしまわないよう購入時に付いていた名前をしっかりラベリング（表記）しておきたい。

</td>
</tr>
<tr>
<td>

累代

</td>
<td>

意味合いとしては「代（世代）を積み重ねること」である。生き物飼育においてはしばしば「累代繁殖」などの言葉が出てくる。明確な産地情報が付いているWC個体を入手した人が、他の産地の個体などを途中で混ぜず、何世代にも渡って同じ血筋で繁殖を継続していることを表したりする。表記としてはF1、F2、F3などがあるが、これは英語表記の「Filial generation」のFを取って表記したものである。たとえばF1はWC個体同士を親に持つ個体に、F2はそのF1同士を親に持つ個体に、それ以降同様に数字が進む形で付けられる表記である。新しい品種を生み出した時その最初の世代にもF1という表記を付ける場合もあるが、飼育する生き物の場合、たいていはWC個体を基準に累代を勘定する場合が多い。

</td>
</tr>
</table>

執筆者
西沢 雅（にしざわ まさし）

1900年代終盤東京都生まれ。専修大学経営学部経営学科卒業。幼少時より釣りや野外採集などでさまざまな生物に親しむ。在学時より専門店スタッフとして、熱帯魚を中心に爬虫・両生類、猛禽、小動物など幅広い生き物を扱い、複数の専門店でのスタッフとして接客業を通じ知見を増やしてきた。そして2009年より通販店としてPumilio（プミリオ）を開業、その後2014年に実店舗をオープンし現在に至る。2004年より専門誌での両生・爬虫類記事を連載。そして2009年にはどうぶつ出版より『ヤモリ、トカゲの医食住』を執筆、発売。その後、2011年には株式会社ピーシーズより『密林の宝石 ヤドクガエル』を執筆、発売。笠倉出版社より『ミカドヤモリの教科書』など教科書シリーズを執筆、発売。2022年には誠文堂新光社より『イモリ・サンショウウオの完全飼育』を執筆、発売。

【参考文献】
・ディスカバリー生き物再発見『ヤモリ大図鑑 トカゲモドキ編』（誠文堂新光社）／中井 穂瑞領
・クリーパー（クリーパー社）数冊

STAFF

執筆	西沢 雅
写真	川添 宣広
特別協力	エリープ、シカノモリ、桑原佑介
イラスト	岩本 紀順
協力	aLiVe、岩本妃順、エンドレスゾーン、邑楽ファーム、オリュザ、カミハタ養魚、亀太郎、サムライジャパンレプタイルズ、JMG、蒼天、dear、ネイチャーズ北名古屋店、橋本宜子、爬虫類倶楽部、豹紋堂、プミリオ、リミックスペポニ、やもはち屋
表紙・本文デザイン	志保あかね
企画	鶴田賢二（株式会社クレインワイズ）

| 飼 育 の 教 科 書 シ リ ー ズ |

トカゲモドキの教科書

トカゲモドキ科の基礎知識から
各種類紹介と飼育・繁殖 etc.
2023年11月12日発行

発行所	株式会社笠倉出版社
	〒110-8625　東京都台東区東上野2-8-7 笠倉ビル
	☎0120-984-164（営業・広告）
発行者	笠倉伸夫
定　価	2,200円（本体2,000円＋税10%）

印刷所	三共グラフィック株式会社